中等职业学校以工作过程为导向课程改革实验项目

计算机网络技术专业核心课程系列教材

网络设备安装与调试

郭 芳 岳大安 主 编

机械工业出版社

本书是北京市教育委员会实施的"北京市中等职业学校以工作过程为导向课程改革实验项目"计算机网络技术专业系列教材之一，依据"北京市中等职业学校以工作过程为导向课程改革实验项目"计算机网络技术专业教学指导方案和计算机网络技术专业网络工程方向"网络设备安装与调试"课程标准进行编写，具有较强的实用性、技术性和趣味性。

本书以工作项目为载体，项目由小到大，规模上从单层办公室逐步扩大到多栋楼宇，功能上从简单的全网互通到复杂的Vlan划分、路由协议、访问控制等一步一步递进展开，使读者在学习的过程中逐步增长知识、锻炼技能。本书分为四个学习单元，每个学习单元以一个项目为载体，每个项目按工作流程分为若干个工作任务。四个学习单元分别为单间（办公）环境网络设备安装与调试、单层（办公）环境网络设备安装与调试、单栋楼宇环境网络设备安装与调试、多栋楼宇环境网络设备安装与调试。四个学习单元围绕职业活动，突出岗位技能，重在培养岗位能力。

本书的目的是使读者通过学习具备网络设备的安装和调试能力，具备借助设备技术文档等资料解决实际问题的能力，具有沟通、协调、应变能力，同时提高工作的安全、合作意识。

本书可以作为中等职业学校计算机网络技术专业"网络设备安装与调试"相关课程教材，也可以作为网络设备安装与调试人员进行工作学习的参考用书。

本书配有电子课件，教师可以从机械工业出版社教育服务网（www.cmpedu.com）免费注册下载或联系编辑（010-88379194）咨询。

图书在版编目（CIP）数据

网络设备安装与调试/郭芳，岳大安主编．—北京：机械工业出版社，2016.3（2025.9 重印）

中等职业学校以工作过程为导向课程改革实验项目

计算机网络技术专业核心课程系列教材

ISBN 978-7-111-53079-4

Ⅰ．①网… Ⅱ．①郭… ②岳… Ⅲ．①计算机网络—通信设备—设备安装—中等专业学校—教材 ②计算机网络—通信设备—调试方法—中等专业学校—教材

Ⅳ．①TN915.05

中国版本图书馆CIP数据核字（2016）第037789号

机械工业出版社（北京市百万庄大街22号 邮政编码100037）

策划编辑：梁 伟　　责任编辑：李绍坤 范成欣

封面设计：马精明　　责任校对：马立婷

责任印制：张 博

北京建宏印刷有限公司印刷

2025年9月第1版第5次印刷

184mm×260mm・12.75印张・290千字

标准书号：ISBN 978-7-111-53079-4

定价：42.00元

电话服务　　网络服务

客服电话：010-88361066　　机 工 官 网：www.cmpbook.com

010-88379833　　机 工 官 博：weibo.com/cmp1952

010-68326294　　金 书 网：www.golden-book.com

封底无防伪标均为盗版　　机工教育服务网：www.cmpedu.com

编 写 说 明

为更好地满足首都经济社会发展对中等职业人才需求，增强职业教育对经济和社会发展的服务能力，北京市教育委员会在广泛调研的基础上，深入贯彻落实《国务院关于大力发展职业教育的决定》及《北京市人民政府关于大力发展职业教育的决定》文件精神，于2008年启动了“北京市中等职业学校以工作过程为导向课程改革实验项目”，旨在探索以工作过程为导向的课程开发模式，构建理论实践一体化、与职业资格标准相融合，具有首都特色、职教特点的中等职业教育课程体系和课程实施、评价及管理的有效途径和方法，不断提高技能型人才培养质量，为北京率先基本实现教育现代化提供优质服务。

历时五年，在北京市教育委员会的领导下，各专业课程改革团队学习、借鉴先进课程理念，校企合作共同建构了对接岗位需求和职业标准，以学生为主体、以综合职业能力培养为核心、理论实践一体化的课程体系，开发了汽车运用与维修等17个专业教学指导方案及其232门专业核心课程标准，并在32所中职学校、41个试点专业进行了改革实践，在课程设计、资源建设、课程实施、学业评价、教学管理等多方面取得了丰富成果。

为了进一步深化和推动课程改革，推广改革成果，北京市教育委员会委托北京教育科学研究院全面负责17个专业核心课程教材的编写及出版工作。北京教育科学研究院组建了教材编写委员会和专家指导组，在专家和出版社编辑的指导下有计划、按步骤、保质量完成教材编写工作。

本套教材在编写过程中，得到了北京市教育委员会领导的大力支持，得到了所有参与课程改革实验项目学校领导和教师的积极参与，得到了企业专家和课程专家的全力帮助，得到了出版社领导和编辑的大力配合，在此一并表示感谢。

希望本套教材能为各中等职业学校推进课程改革提供有益的服务与支撑，也恳请广大教师、专家批评指正，以利进一步完善。

北京教育科学研究院

2013年7月

前言

为进一步推进北京市中等职业学校以工作过程为导向的课程改革，落实课程标准要求，推广课程改革成果，有效指导学生学习新课程，在北京市教育委员会和北京教育科学研究院的大力支持下，计算机网络技术专业一线教师与企业一线工程师合作开发了本书。

为了体现工作过程导向课程教材特色，我们在编写结构、内容以及形式上进行了不少的改进和创新。

在编写结构上，按工作过程的系统化思想，结合企业实际工作情况，依据工作流程和岗位能力需求，将工作项目分解为若干个工作任务，将专业知识和职业技能融入完成各项任务的过程中，体现了“做中学、学中做”的课改教学理念。因此贴近行业和职业需求，满足学生学习需要，便于教师教学，体现了较强的实践性和实用性。

在内容编排上遵循由简到繁、由易到难的原则，既体现工作过程，又对所选内容进行优化，对重复或不适合中职学生认知的内容或过程进行删减、重组整合。

在编写形式上，多用实例，能用表格、插图等表达清楚的，尽量不用文字表达，吸引学生学习使用，体现趣味性。

纵观本书，体现了以下几个特点。

1．理论与实践相结合。职业教育的目标是培养应用型技能人才，因此本书在结构和内容安排上理实一体，工作任务明确，工作过程流畅，在技能操作中涉及的知识用“知识链接”的形式写出，达到既训练工作技能，又掌握理论知识的目的。

2．工作与学习相结合。学习过程对接职业活动过程。单元项目来源实际工作项目，经过认真分析，找出典型职业活动，并结合学生认知规律，转换成适合教学的基于工作过程的学习项目，然后将其分解成工作任务。在学习过程中，既学习了知识又完成了工作任务，真正体现了“做中学，学中做”。

3．教与学相结合。本书形式新颖，内容多样，有利于教与学。单元前面有学习目标，便于了解本单元的学习要求。正文中有“温馨提示”和“经验分享”，对于工作过程中的安全注意事项和工作经验技巧进行提示和分享。单元后有单元内容梳理和单元检测，便于对整个单元知识技能点的学习情况进行梳理和检验。

本书由郭芳、岳大安任主编，张志鹿、邓凯、陈劲任副主编，程新、汪磊、刘佳、楼桦参与了编写工作。其中，学习单元1由郭芳编写，学习单元2由郭芳、张志鹿、邓凯编写，学习单元3由郭芳、岳大安、汪磊、邓凯、刘佳、程新、楼桦编写，学习单元4由岳大安、陈劲、程新、邓凯、张志鹿、刘佳编写。在本书的编写过程中得到了北京市课改专家的大力支持和帮助，得到了锐捷网络提供的技术支持，在此一并表示感谢！

由于编者水平有限，书中难免存在不足之处，恳请读者批评指正。

编　者

目录 CONTENTS

编写说明

前言

学习单元1 单间（办公）环境网络设备安装与调试 …… 1

单元概要 …… 2

单元目标 …… 2

单元描述 …… 3

单元分析 …… 3

任务1 制订设备调试方案 …… 4

任务2 二层交换机设备进场报验 …… 7

任务3 安装交换机设备到工作台 …… 13

任务4 双绞线网络连接 …… 15

任务5 网络互通配置 …… 17

任务6 网络互通验证 …… 21

单元总结 …… 23

单元检测 …… 24

学习单元2 单层（办公）环境网络设备安装与调试 …… 27

单元概要 …… 28

单元目标 …… 28

单元描述 …… 29

单元分析 …… 29

任务1 制订设备互联及Vlan规划 …… 30

任务2 三层交换机设备进场报验 …… 33

任务3 安装交换机到机柜 …… 35

任务4 多模光纤网络连接 …… 42

任务5 交换机Vlan配置与调试 …… 46

任务6 交换机Telnet远程登录管理配置与调试 …… 51

任务7 交换机端口防环路配置与调试 …… 55

任务8 工作验收与资料存档 …… 57

单元总结 …… 59

单元训练 …… 61

单元检测 …… 64

CONTENTS 目录

学习单元3　单栋楼宇环境网络设备安装与调试 …… 67

单元概要 …… 68

单元目标 …… 68

单元描述 …… 69

单元分析 …… 69

任务1　制定IP地址规划 …… 71

任务2　路由器设备进场报验 …… 75

任务3　安装路由器到机柜 …… 78

任务4　单模光纤网络连接 …… 82

任务5　楼宇接入层交换机配置与调试 …… 86

任务6　不同Vlan三层互访配置与调试 …… 89

任务7　交换机SSH远程登录管理配置与调试 …… 92

任务8　交换机端口安全配置与调试 …… 94

任务9　使用路由协议实现网络互通 …… 96

任务10　网络基本访问控制配置与调试 …… 100

任务11　局域网出口静态路由配置 …… 103

任务12　客户关键业务验证和文档资料移交 …… 105

单元总结 …… 107

单元训练 …… 108

单元检测 …… 113

学习单元4　多栋楼宇环境网络设备安装与调试 …… 117

单元概要 …… 118

单元目标 …… 118

单元描述 …… 119

单元分析 …… 119

任务1　制订硬件安装计划 …… 120

任务2　制订网络协议及安全与优化规划 …… 124

任务3　核心交换机设备进场报验 …… 128

任务4　安装核心交换机到机柜 …… 131

任务5　远距离光纤网络连接 …… 136

任务6　接入层与汇聚层设备配置与调试 …… 143

任务7　核心层设备稳定可靠性配置与调试 …… 146

目录 CONTENTS

任务8　网络地址转换配置与调试 …………………………………… 150
任务9　网络访问控制功能配置与调试 ……………………………… 155
任务10　网络安全及优化配置与调试……………………………… 160
任务11　系统联调与网络连通性测试……………………………… 167
任务12　软件质量检查……………………………………………… 170
任务13　客户培训…………………………………………………… 174
任务14　项目验收…………………………………………………… 178
单元总结　………………………………………………………………… 184
单元训练　………………………………………………………………… 185
单元检测　………………………………………………………………… 191
附录　常用符号及名称……………………………………………………… 193

学习单元 1

单间（办公）环境网络设备安装与调试

DANJIAN (BANGONG) HUANJING WANGLUO SHEBEI ANZHUANG YU TIAOSHI

单元概要

1）网络设备的安装与调试是网络工程实施过程中重要的工作环节，首先需要设备调试人员依据工程实施方案制定具体的设备安装、调试方案，然后按照调试方案对网络设备进行安装、配置、调试，最后通过对网络进行测试，满足客户的需求，撰写完成设备安装调试报告，并上交公司存档。

2）本单元以某公司一间办公室需要组建网络项目为载体来进行学习。在完成项目的过程中认识二层交换机设备，学会安装二层交换机，对设备进行简单配置，逐步具备对单间环境进行网络设备安装与调试的技能。

3）在单间环境网络中应用的网络设备主要是二层交换机。交换机是一种在网络通信中完成信息交换功能的设备。交换机一般可以分为广域网交换机和局域网交换机。广域网交换机主要应用于电信领域，提供通信用基础平台；局域网交换机主要用于连接局域网中的终端设备（如计算机）。本单元学习主要针对局域网二层交换机。

单元目标

◆ 知识目标

1）了解设备安装与调试的工作流程。

2）能列举出市场上常见交换机设备的厂商、品牌、型号。

3）能写出二层交换机基本信息配置的命令。

4）能说出将交换机放置在工作台的步骤和要求。

5）能描述交换机前、后面板的各端口名称及作用。

6）能说出拓扑图中各示例的含义。

◆ 能力目标

1）会书写单间环境网络设备安装与调试计划方案。

2）能依据设备安装手册正确放置交换机。

3）能根据拓扑图正确连接交换机设备。

4）会对二层交换机进行基本操作。

5）会借助交换机各种帮助功能快速配置命令。

6）会对设备安装与配置情况进行检查、测试，完成调试报告。

◆ 情感态度价值观

1）能按行业规范和要求进行工作，树立安全意识。

2）具有时间观念，能合理安排时间，工作讲究效率。

3）工作踏实敬业，具有认真仔细的工作态度。

单元描述

某公司由于规模较小，仅有一间办公用的房间。公司希望能实现办公环境网络化，使房间内的所有计算机都可以联网互通。前期的网络布线工作已经完成，现在需要将房间内所有计算机连接组成局域网络并接入互联网。Sunny是承担此项目工作的设备调试工程师，要完成这间办公室网络设备部分的安装与调试工作。

单元分析

作为该项目具体的工程实施人员，接到工作后，应先明确工作任务和要求，即完成这间办公室网络设备部分的安装与调试工作，实现该公司办公室网络的联网互通；再梳理出工作的思路，即在获得前期工程的走线图与网络系统拓扑图后制定工作方案，然后按计划开始工作。单间办公室布线图如图1-1所示。单间办公室网络系统拓扑图如图1-2所示。单间办公室项目工作流程如图1-3所示。

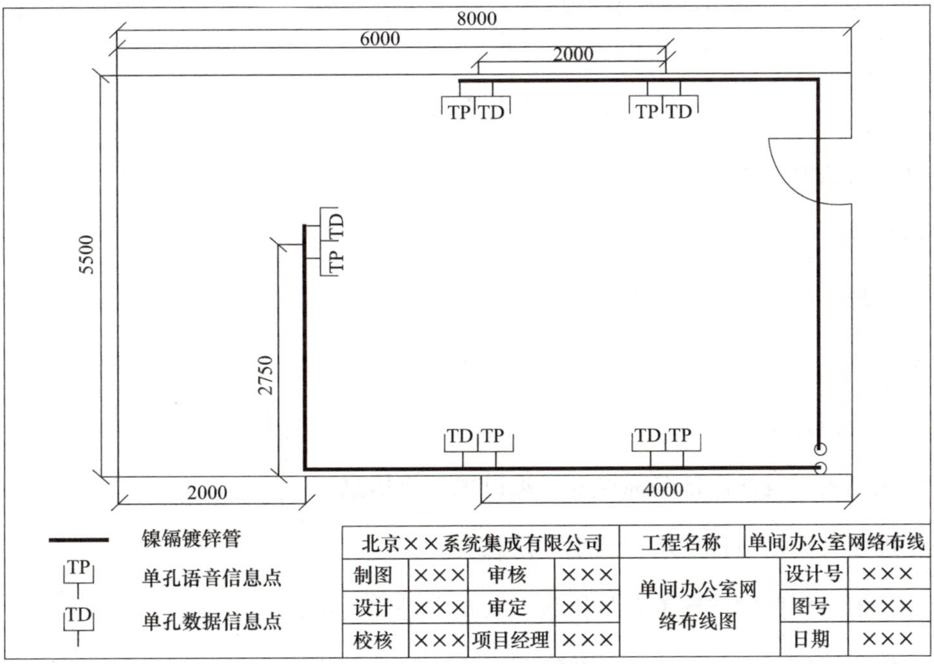

图1-1　单间办公室布线图

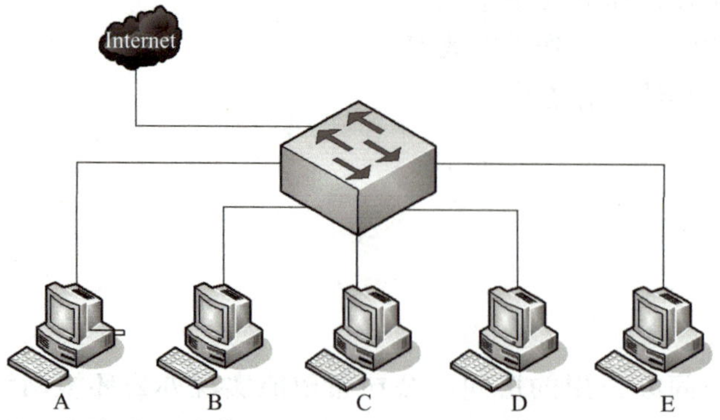

图1-2　单间办公室网络系统拓扑图

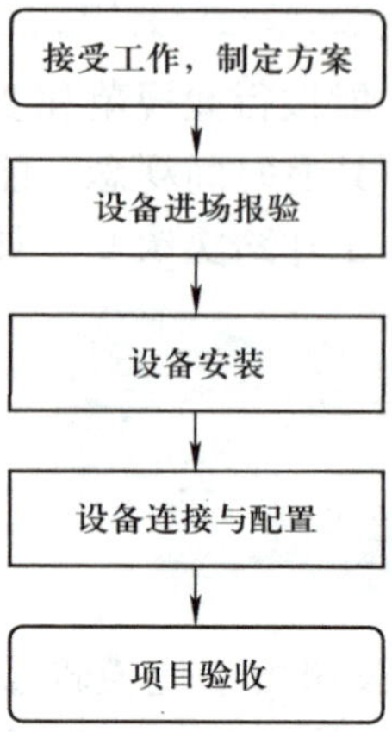

图1-3　单间办公室项目工作流程

任务1　制订设备调试方案

任务描述

Sunny接到任务后，着手制订设备安装与调试方案。调试方案中最重要的是网络系统拓扑图和网络规划表。

任务分析

网络设备安装与调试方案是对即将进行设备安装调试工作的一个计划，是对工作思路、方法、步骤的一个梳理。模板如下：

×××项目设备安装与调试方案

一、项目基本情况介绍

二、用户需求

三、需求分析

四、设备清单

五、网络系统拓扑图

六、网络规划表（包括设备名称规划、端口规划等信息）

七、施工进度（包括项目工期、进度等信息）

八、人员分工（包括内部施工人员信息、人员安排等信息）

九、工作规范（包括操作规范、安装规范、设备版本号等信息）

经验分享

① 调试方案中的很多内容可以直接从工程施工方案中获得，如项目基本情况、用户需求、设备清单、网络系统拓扑图等。

② 现场工程师主要依据方案中的网络系统拓扑图和网络规划表进行工作。因此，工程师必须能看懂系统拓扑图，能根据项目需求对设备的端口、地址等进行规划，生成网络规划表。

任务实施

1. 看懂网络系统拓扑图

网络系统拓扑图是用来表示传输媒体互连各种设备的物理布局，是工程师进行设备互联的依据。它能直观地反映网络中各个节点之间的链接，方便工程师进行设备配置和错误排查。

一个标准的网络拓扑图应包括名称、网络拓扑符号、标注、图例4个部分。

1）网络拓扑图名称指明网络应用的单位或地点，如×××公司网络拓扑图、×××学校网络拓扑图、×××大厦网络拓扑图等。

2）拓扑结构表示了网络中终端与设备的连接情况，其中终端与设备都用网络拓扑符号来表示。常用的网络拓扑符号见附录。

3）标注是对拓扑图中的表示符号进行详细的注释，如：为交换机标注型号或名称。对网络区域进行标识等。

4）图例是集中于拓扑图一角或一侧的图上各种符号和颜色所代表内容与指标的说明，有助于更好地理解拓扑图。拓扑图示意图如图1-4所示。

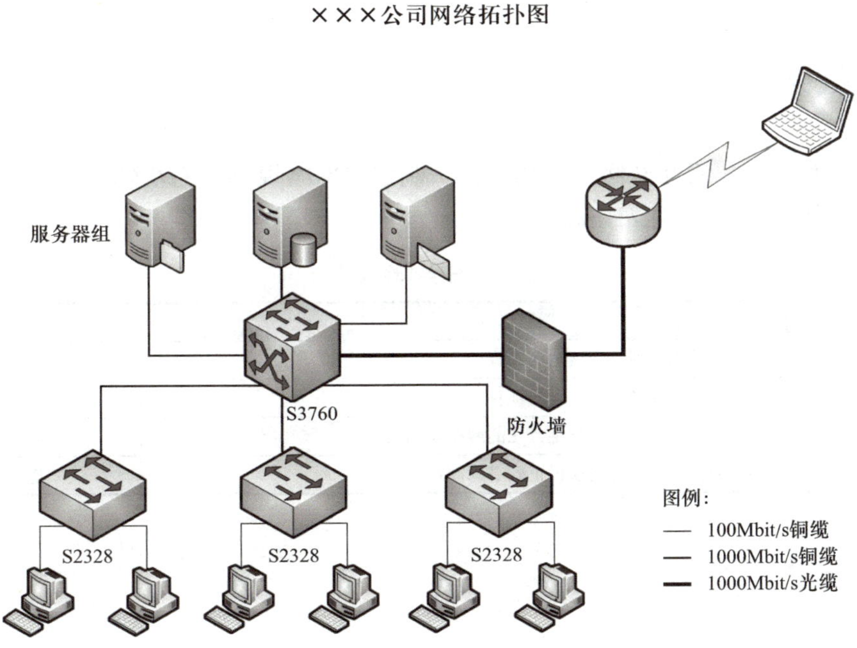

图1-4　拓扑图示意图

2. 生成网络规划表

根据该工程布线图可知网络中有5个信息点。根据拓扑图可知，有一个连接外网的上行口，5个连接局域网终端设备的端口。因此，生成的网络规划表见表1-1。

表1-1 网络规划表

设备名称	端口号	连接设备	IP地址	网关	备注
RG-S2328G-S	f0/1	ADSL	-	-	
RG-S2328G-S	f0/5	A	DHCP自动获取	DHCP自动获取	
RG-S2328G-S	f0/6	B	DHCP自动获取	DHCP自动获取	
RG-S2328G-S	f0/7	C	DHCP自动获取	DHCP自动获取	
RG-S2328G-S	f0/8	D	DHCP自动获取	DHCP自动获取	
RG-S2328G-S	f0/9	E	DHCP自动获取	DHCP自动获取	

知识链接

DHCP自动获取是指网络中计算机的IP地址是由DHCP服务器自动分配的，IP地址随机，不固定。为了方便对网络进行管理，不用网络管理员一台一台配置计算机的IP地址，可以使用DHCP服务器来为网络中的计算机自动分配IP地址。

经验分享

不同公司进行网络规划有不同的公司标准和要求。通常对网络设备端口的规划是前四口（即交换机端口f0/1～f0/4）为上行口的连接端口，后四口为下行口的连接端口。本项目f0/1作为上行口连接ADSL，f0/5～9连接计算机，无下行口。

3. 书写设备安装与调试方案

任务验收

在理解项目需求、看懂网络系统拓扑图、制定出网络规划表的基础上，制订出该项目的调试方案。任务1验收单见表1-2。

表1-2 任务1验收单

评价内容	评价项目	评价结果
制订设备调试方案	1. 能准确识别常用网络拓扑符号	是　否
	2. 能明确规划表中包含的项目	是　否
	3. 能根据项目需求制定合理的网络规划表	是　否
	4. 能按照调试方案模板正确书写调试方案	是　否

任务拓展

请根据图1-5所示的拓扑图制订出相应的网络规划表（注：IP地址与网关都为自动获取）。

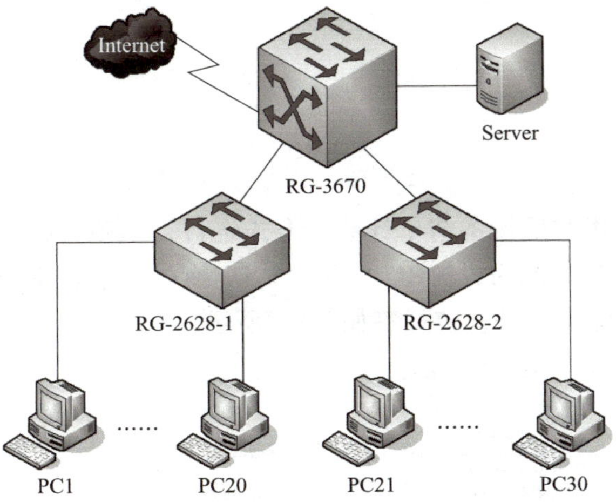

图1-5　拓扑图

任务2　二层交换机设备进场报验

任务描述

依据设备清单规定的型号，负责为该项目供货的集成商送来了一台锐捷RG-S2328G-S交换机，Sunny需要对设备进行检查核对（即进场报验设备）。

任务分析

对网络设备进行进场报验的工作流程如图1-6所示。

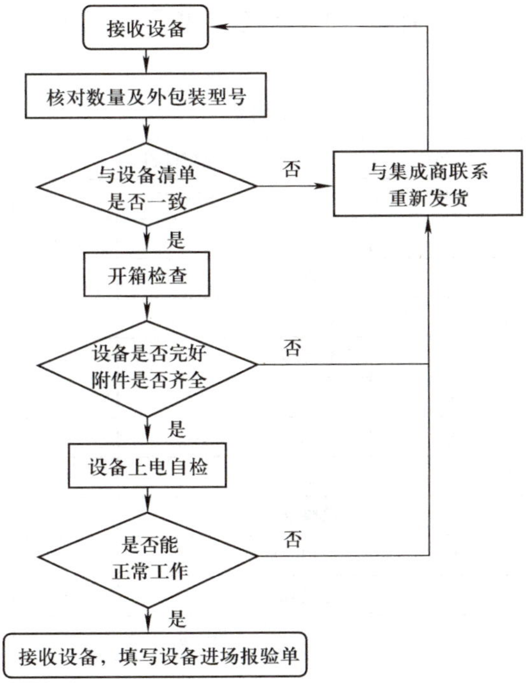

图1-6　网络设备进行进场报验工作流程

任务实施

1. 依据设备清单（见表1-3），在现场核对设备数量与型号

核对设备数量，采用对照设备清单计数的方式进行，本项目就一台设备，因此一目了然。核对设备型号，一台全新的锐捷RG-S2328G-S交换机，包装箱外贴有带设备型号的标签，核对标签上的内容即可。外包装标签如图1-7所示。

图1-7 锐捷RG-S2328G-S外包装标签

表1-3 设备清单

序号	设备名称	设备用途	设备型号/规格	数量	供货厂商	备注
1	锐捷交换机	房间接入交换机	RG-S2328G-S	1	××公司	

2. 开箱检查设备是否完好，附件是否齐全

设备完好是指设备外观完整，无损坏、划痕、磕碰，无使用迹象。附件齐全是指装箱单上有的附件不缺少，要按照包装箱内的“装箱清单”（见图1-8）核对随机所附物品。设备开箱后视图如图1-9所示。

装箱清单

产品名称	锐捷交换机		
型号	RG-S2328G-S		
序号	名称		数量
1	交换机		1
2	配置电缆		1
3	电源线		1
4	挂耳		2
5	接地线		1
6	橡胶垫片		4
7	保修卡		1
8	用户手册		1
9	配套光盘		1
装箱员	装 1	检验员	检 1

图1-8 装箱清单

图1-9　设备开箱后视图

知识链接

RG-S2328G-S交换机具有安全性能高、上联灵活、高性能堆叠等特点，使得组网形式非常灵活，适用各种类型小型网络的接入层。它提供24个可用于局域网连接的10/100Mbit/s自适应以太网端口，两个10/100/1000M自适应以太网端口，两个可用于连接光纤千兆SFP光口，1个配置端口Console口。该交换机的前面板示意图如图1-10所示。

图1-10　交换机前面板示意图

1—交换机状态指示灯
2—Console口
3—10/100Mbit/s自适应以太网端口
4—10/100Mbit/s自适应以太网端口指示灯
5—10/100/1000Mbit/s自适应以太网端口
6—10/100/1000Mbit/s自适应以太网端口指示灯
7—1000Mbit/s SFP光口（非复用）
8—1000Mbit/s SFP光口指示灯

3. 设备上电自检

上电自检是指设备接通电源后，系统进行的一个自我检查例行程序。系统会依次扫描设备内部各部件，依次来检查这些部件工作状态是否正常。锐捷RG-S2328G-S交换机上电自检完成后前面板状态指示灯（见图1-11）为绿色常亮，可以自动进入命令行界面（见图1-12），则为自检成功，可以正常使用。

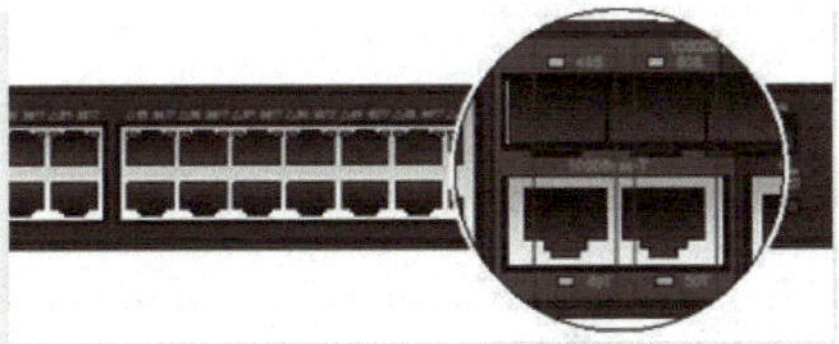

图1-11　交换机状态指示灯

```
Ruijie>
Ruijie>
Ruijie>
Ruijie>
Ruijie>
```

图1-12　命令行界面

4. 进入交换机命令行界面（需连接电源和Console线）

1）通过交换机Console口进行本地登录是登录交换机的最基本方式，也是配置通过其他方式登录交换机的基础。要通过交换机Console口进行本地登录首先要建立本地配置环境，即只需要将微机（或终端）的串口通过配置电缆与以太网交换机的Console口连接。配置电缆如图1-13所示。配置环境如图1-14所示。

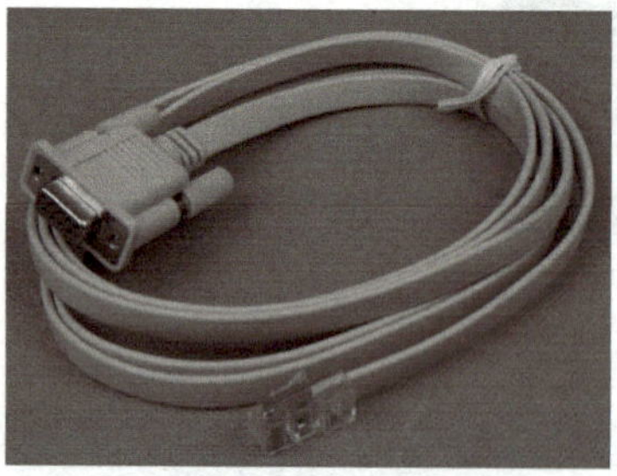

图1-13　配置电缆

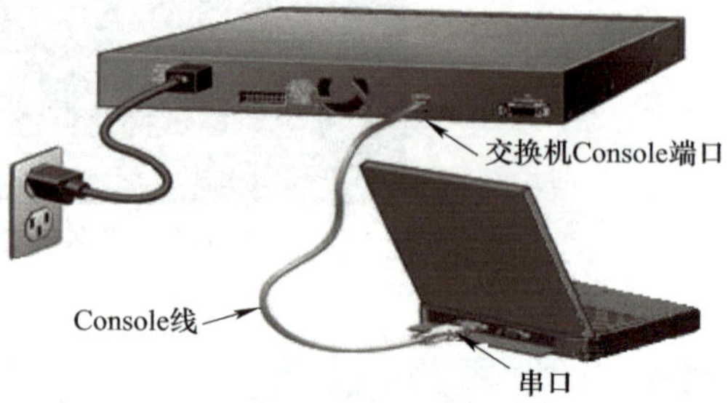

图1-14　配置环境

2）在微机上运行终端仿真程序，单击“开始”→“程序”→“附件”→“通讯”→“超级终端”命令，系统弹出连接说明界面，输入连接名称，并设置终端通信参数为：波特率为9600bit/s、8位数据位、1位停止位、无校验和无流控。配置超级终端连接端口如图1-15所示，配置超级终端连接名称如图1-16所示，配置超级终端COM口属性如图1-17所示。

3）以太网交换机上电，终端上显示以太网交换机自检信息，自检结束后提示用户按<Enter>键，之后将出现命令行提示符，如图1-18所示。

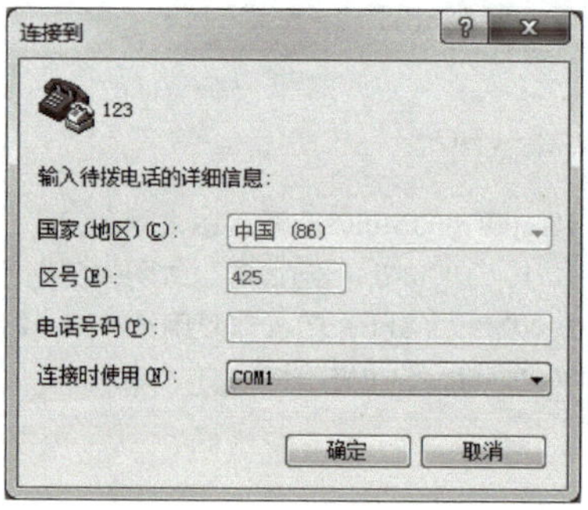

图1-15　配置超级终端连接端口

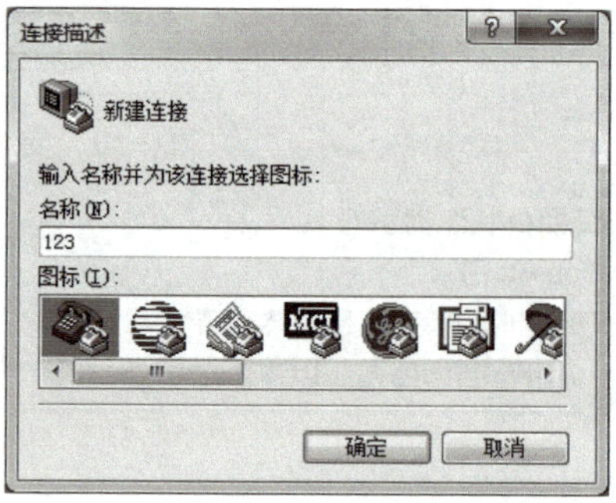

图1-16　配置超级终端连接名称

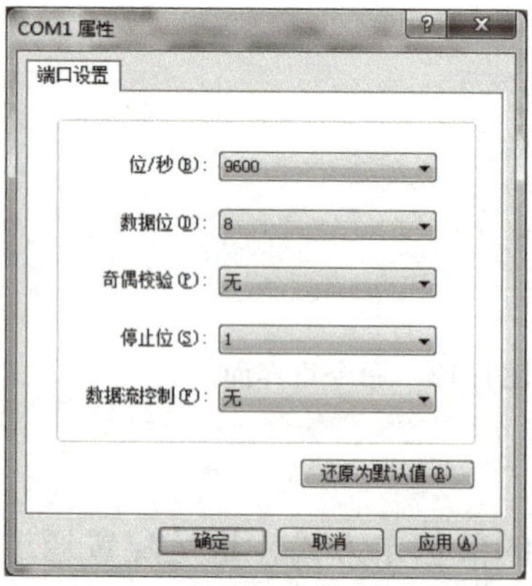

图1-17　配置超级终端COM口属性

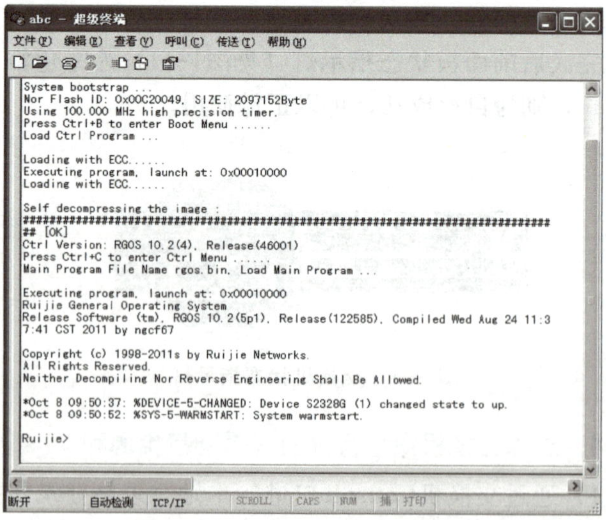

图1-18　交换机登录初始界面

知识链接

该交换机上主要有两类指示灯：交换机状态指示灯和以太网端口RJ-45端口指示灯。每种指示灯都有不同的状态，每种状态又有不同的含义，因此可以根据指示灯来判断交换机的工作状态。交换机各指示灯含义见表1-4。

表1-4　交换机各指示灯含义

指示灯	面板标识	状态	含义
状态指示灯	Status	指示灯灭	交换机没有上电
		绿色闪烁	交换机正在初始化，若一直闪烁表示交换机异常
		绿色常亮	交换机正常可用
		黄色常亮	交换机发出警告，请及时检查交换机工作环境
		红色常亮	交换机故障
RJ-45端口指示灯	1～24	指示灯灭	端口未连接
		绿色常亮	端口已连接
		绿色闪烁	端口数据收发

5. 填写设备进场报验单

设备核对检测无误后，网络工程实施人员需要填写公司提供的设备进场报验单，并交监理工程师签字后存档，见表1-5。

表1-5　设备进场报验单

工程名称：××公司办公室网络组建　　合同号：×××　　施工单位：××网络系统集成有限公司

致 ××× 监理公司：

下列设备已按合同规定进场，请查验，准予使用。

施工代表：×××　　日期：×年×月×日

序号	设备名称	规格型号	数量	进场日期	完好状况	技术状态	拟用何处	备注
1		RG-S2328G-S	1	×年×月×日	完好	正常	大办公室	

致（施工单位）

经查验：

1. 性能数量能满足施工需要的设备有 1台 准予进场。
2. 性能不符合施工需要的设备有 无 不准进场，请你尽快按合同规定更换。
3. 数量或能力不足的设备有 无 请按施工进度要求补充所需设备。

监理工程师：×××　　日期：×年×月×日

说明：审批后报送施工单位一份，监理单位一份。

注：本表用于项目使用的设备/配件到货进场验收，由承建单位项目经理填写，一式两份。

任务验收

通过完成本任务，学会了为二层交换机设备进行进场报验。通过核对设备清单、检查设备型号等内容后，填写设备进场报验单，经监理工程师签字后存档。任务2验收单见表1-6。

表1-6　任务2验收单

评价内容	评价项目	评价结果
二层交换机进场报验	1．能正确核对交换机的数量和型号	是　否
	2．能正确开箱检查设备	是　否
	3．能正确填写设备进场报验单	是　否
	4．能正确登录设备，对设备进行上电自检	是　否
	5．能与相关人员进行良好的沟通	是　否
	6．能恰当处理任务实施中遇到的问题	是　否

任务拓展

目前市场上生产交换机设备的厂家有很多，其中比较知名的厂家主要有思科、华为、锐捷、神州数码等，每个厂家的产品都有各自不同的优势和主流产品。请对市场上主流生产厂家的交换机设备进行市场调查，并填写交换机产品市场调查表，见表1-7。

表1-7　交换机产品市场调查表

厂家名称	主流产品	型号	功能	优势	适用范围

问题思考

RG-S2328G-S交换机名称的含义是什么？一般交换机设备的命名规则是什么？

任务3 安装交换机设备到工作台

任务描述

设备报验完成后，Sunny认真阅读了该交换机的电子版设备安装手册（安装手册会随机自带，有的是电子版，有的是纸质版），然后着手准备安装。

任务分析

网络设备的安装工作流程如图1-19所示。

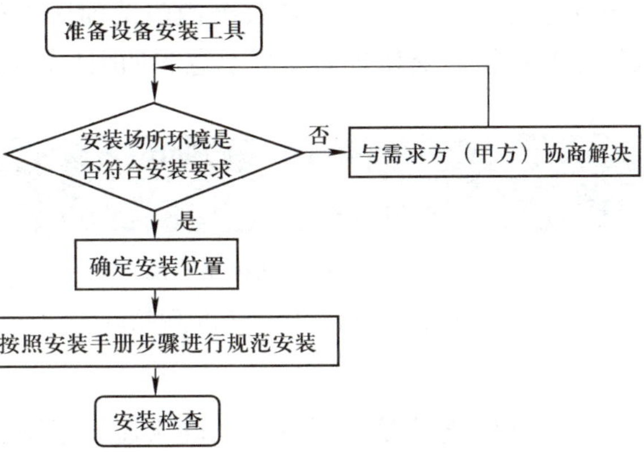

图1-19 网络设备的安装工作流程

任务实施

1. 安装前环境准备

1）环境温度不能过高，湿度不能过大，以免影响交换机正常工作，降低交换机的使用寿命。该项目使用设备RG-2328G-S的工作温度是0～50℃，工作湿度是10%～90%RH。

2）避开多尘及强电磁干扰的地区，如远离广播、电视、工业、医用等无线电射频设备干扰源。

3）安装场所环境要干净整洁，通风良好。

经验分享

1. 设备安装位置合理，不影响办公又方便对交换机进行维护。
2. 安装设备时，不要穿宽松的衣服或其他可能被机箱挂住的东西。
3. 交换机应远离电磁干扰，必要时端口电缆采用屏蔽电缆。

2. 将交换机安装到工作台

首先将交换机倒置，用干燥的软布清洁机箱地板四个角上的圆形压印区，确保没有污渍吸附；然后将四个硅胶垫片（见图1-20）从粘贴纸上取下，贴在交换机底板四个压印区；最后将交换机正置，放在干净平整的工作台（垫片的作用是防止交换机滑动）

图1-20　硅胶垫片

温馨提示

① 请不要在设备上放置重物，也不要让液体流入设备箱体内。
② 放置交换机用的工作台要求稳固，并接地。
③ 要给交换机四周留出10cm左右的散热空间。

3. 连接电源

交换机要在正确的电压下才能正常工作。连接电源前请确认工作电压同交换机所标示的电压相符，然后再进行电源连接。交换机后面板示意图如图1-21所示。

图1-21　交换机后面板示意图

1—直流电源接口　2—交流电源接口

4. 安装后检查

检查电源连接是否正确，线缆连接是否正确。在确认连接正确后，连续通电24～48小时。交换机若无故障发生且能正常工作，方可进行下一步的设备调试工作。

经验分享

设备连续工作24～48小时，在网络设备安装调试工作中俗称烤机。烤机一是为了检测设备软、硬件是否有问题，二是让设备适应环境。通过长时间连续全负载工作，提早发现设备存在的问题，把问题消灭在萌芽之中，同时也检测了系统的稳定性。

任务验收

通过完成本任务，学会了将二层交换机设备安装到工作台。通过安装前的环境准备、设备安装、安装后检查三个环节完成任务。任务3验收单见表1-8。

表1-8　任务3验收单

评价内容	评价项目	评价结果
安装二层交换机到工作台	1. 能正确说出交换机安装环境要求	是　否
	2. 能正确安装交换机到工作台	是　否
	3. 能与相关人员进行良好的沟通	是　否
	4. 能恰当处理任务实施中遇到的问题	是　否

问题思考

安装设备到工作台的设备安装方式有哪些优缺点？它适用于哪些场合？

任务4　双绞线网络连接

任务描述

设备安装完成后，需要按照拓扑图和网络规划表连接设备。本单元使用的连接介质主要是双绞线。

任务分析

本单元选用ADSL方式接入互联网。任务工作流程如图1-22所示。

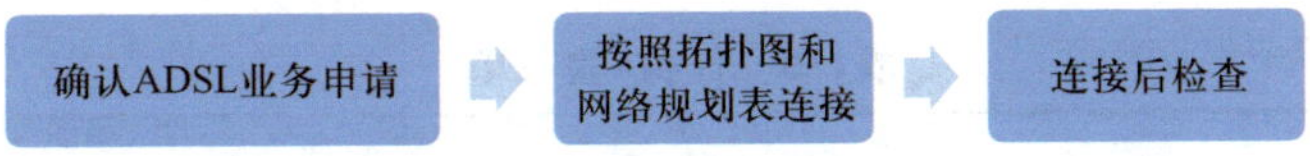

图1-22　任务工作流程

任务实施

1）企业提前向电信或其他服务提供商申请ADSL线路，一台连接局域网和外网的ADSL MODEM（一般在办理ADSL业务申请时，服务提供商会赠送）。工程师按照如图1-23所示的接口功能连接ADSL MODEM的各接口。

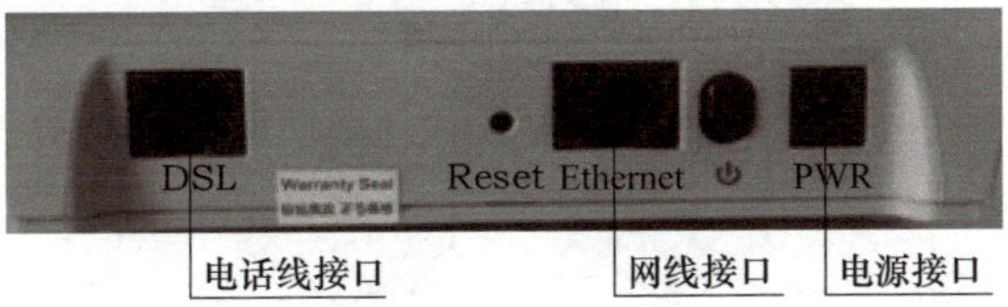

图1-23　ADSL MODEM各接口示意图

2）按照拓扑图，用五根网线分别将终端计算机连入交换机的f0/5~f0/9端口。用一根网线将交换机的上行口端口f0/1与ADSL MODEM的Ethernet口相连，将电话线接入ADSL MODEM的DSL口，最后连接电源线。网络连接示意图如图1-24所示。

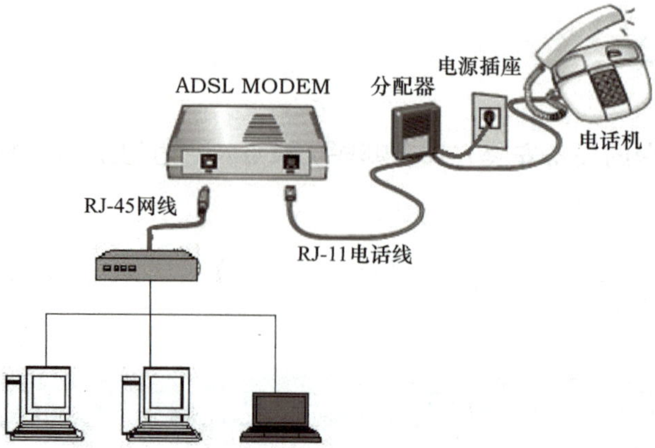

图1-24　网络连接示意图

经验分享

① 连接设备时，需要自己拟定一个连接顺序，如先连接局域网，再连接外网；先连下行口，再连上行口等。
② 为了连接后查错和后续工作检查，可以在连接线缆上粘贴标签或套置标识线环。

3）连接完成后，检查连接结构是否与拓扑图一致，连接端口是否与网络规划表一致。

任务验收

通过完成本任务，学会按照网络系统拓扑图，使用双绞线进行网络连接。任务4验收单见表1-9。

表1-9　任务4验收单

评价内容	评价项目	评价结果
双绞线网络连接	1. 能按照拓扑图使用网线正确连接网络	是　否
	2. 能与相关人员进行良好的沟通	是　否
	3. 能恰当处理任务实施中遇到的问题	是　否

任务拓展

按照图1-25所示的拓扑图和表1-10所示的网络规划表对网络进行连接，配置各主机IP地址，然后对网络连通性进行测试。

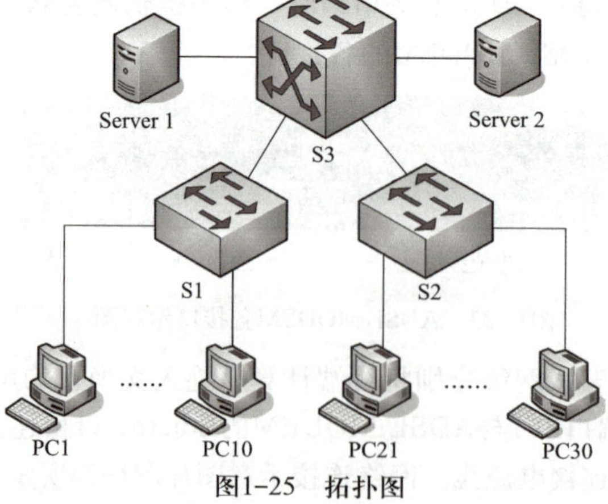

图1-25　拓扑图

表1-10　网络规划表

设备名称	端口号	连接设备	IP地址	网关	备注
S3	f0/23	S1：f0/1	-	-	
S3	f0/24	S2：f0/1	-	-	
S3	f0/5	Server1	192.168.3.1/24	192.168.3.254/24	Web服务器
S3	f0/6	Server2	192.168.3.2/24	192.168.3.254/24	FTP服务器
S2	f0/5	PC1	192.168.2.1/24	192.168.2.254/24	
……	……	……	……	……	
S2	f0/14	PC10	192.168.2.10/24	192.168.2.254/24	
S1	f0/5	PC21	192.168.1.1/24	192.168.1.254/24	
……	……	……	……	……	
S1	F0/14	PC30	192.168.10.1/24	192.168.1.254/24	

任务5　网络互通配置

任务描述

设备连接好后，需要对交换机进行简单配置，除了能够实现网络互通外，还为了便于今后对设备进行管理和查看。

任务分析

要对交换机进行配置，首先要了解交换机的配置方式、配置步骤和登录交换机后的配置命令。对于交换机来说，一般分为本地登录配置和远程登录配置两种方式。本地配置主要是通过Console口进行登录配置。任务工作流程如图1-26所示。

图1-26　工作流程

任务实施

1）连接交换机电源和配置电缆Console线，进入交换机命令行界面（具体操作见本单元任务2中相关内容）。

2）输入命令，配置以太网交换机。锐捷配置界面分为若干个不同的模式，各模式是针对不同的配置要求设置的，它们之间有联系又有区别。用户当前所处的模式决定了可以配置的命令。模式转换命令对照表见表1-11。

表1-11　模式转换命令对照表

命令模式	提示符	进入该模式的方式	退出该模式返回上一级模式的方式	关于该模式
用户模式	Ruijie>	登录交换机设备即进入该模式	该模式没有上一级模式	该模式可以进行基本测试、显示系统信息
特权模式	Ruijie #	在用户模式下输入enable命令	在该模式下输入exit命令	该模式可以显示命令配置结果
全局配置模式	Ruijie(config)#	在特权模式下输入configure命令		该模式可以配置网络设备的全局参数
端口配置模式	Ruijie(config-if)#	在全局模式下输入interface interfacenumber命令		该模式可以配置网络设备各种端口参数
Vlan配置模式	Ruijie(config-vlan)#	在全局模式下输入vlan vlan_id命令		该模式可以配置Vlan参数

经验分享

① 每个模式下都支持命令行自动补齐和命令简写功能。例如，从用户模式进入特权模式需要输入enable命令，可以输入en，然后按<Tab>键自动补齐命令，或简写输入en就可以实现从用户模式到特权模式的转换。

② 命令行自动补齐和简写输入可以提高工作效率，减少因拼写错误带来的命令输入错误。

③ 每个命令的简写不同，但所简写的字母应在该命令模式下能够唯一区分该命令。

3）为交换机设备命名。在全局配置模式下输入hostname命令即可为设备命名。例如，该项目方案规划的设备名称是RG-S2328G-S，具体配置命令如下：

```
Ruijie>enable                              //进入特权模式
Ruijie#configure                           //进入全局配置模式
Enter configuration commands, one per line.End with CNTL/Z
Ruijie(config)#hostname RG-S2328G-S        //将交换机命名为RG-S2328G-S
RG-S2328G-S(config)#                       //交换机名称已更改为RG-S2328G-S
```

温馨提示

① 在命令提示符下输入“?”，可以列出每个模式下可以使用的配置命令。

② 不明白的命令可以查看随机配备的设备配置手册或命令配置手册。

4）查看并保存交换机的当前配置。在全局配置模式下输入show running-config命令，可以查看设备当前配置信息。具体配置如下：

```
RG-S2328G-S(config)#show running           //显示交换机的当前配置
Building configuration...
Current configuration : 1051 bytes
!
version RGOS 10.2(5p1), Release(122585)(Wed Aug 24 11:37:41 CST 2011 -ngcf67)
!
vlan 1
!
no service password-encryption
!
!
hostname RG-S2328G-S                       //交换机的名称RG-S2328G-S
```

```
interface FastEthernet 0/1              //交换机上的快速以太网端口f0/1
!
interface FastEthernet 0/2
!
interface FastEthernet 0/3
!
……
interface FastEthernet 0/21
!
interface FastEthernet 0/22
!
interface FastEthernet 0/23
!
interface FastEthernet 0/24              //交换机上的快速以太网端口f0/24
!
interface GigabitEthernet 0/25           //交换机上的千兆以太网端口g0/25
!
interface GigabitEthernet 0/26
!
!
line con 0
line vty 0 4
 login
!
!
end
china(config)#
```

温馨提示

“interface FastEthernet 0/1、interface FastEthernet 0/2 …”代表交换机上一个个物理端口，使用序号0/1、0/2 …来进行区分。

其中，“interface FastEthernet”表示快速以太网端口，一般用于连接网线；“interface GigabitEthernet”表示千兆以太网端口，一般用于连接光纤。

在确认配置信息无误后，可以使用copy命令保存当前的配置信息。具体配置如下：

```
RG-S2328G-S#copy running-config startup-config
//将当前交换机运行的配置保存到Flash中，以便下次启动交换机后系统还能够运行该配置
```

知识链接

Flash又称闪存，是交换机中一个可以读写的存储器，在交换机重新启动或关机之后仍能保存交换机中的数据。

温馨提示

也可以使用write命令来保存当前配置。

任务验收

通过完成本任务，学会了使用配置电缆Console线进行交换机本地登录，并对交换机进行基本配置，实现网络互通。任务5验收单见表1-12。

表1-12　任务5验收单

评价内容	评价项目	评价结果
网络互通配置	1. 能正确连接交换机Console口配置电缆	是　否
	2. 能搭建配置环境，正确登录交换机	是　否
	3. 能正确配置命令在各种模式间转换	是　否
	4. 能正确配置命令为交换机命名	是　否
	5. 能正确查看交换机的配置信息并保存	是　否
	6. 能与相关人员进行良好的沟通	是　否
	7. 能恰当处理任务实施中遇到的问题	是　否

知识链接

二层交换机工作原理：

二层交换机是根据MAC地址表来转发数据的。当PC1发送数据给PC2时，首先发送ARP查询消息，交换机将PC1的MAC地址记录在端口1上，形成MAC地址表项，如图1-27所示。当交换机从某个端口接收数据时，它会读取数据包的目的MAC地址，并在交换机MCA地址表中查找相应端口，若表中有该目的地址对应的端口，就把数据包转发到此端口；若表中找不到相应的端口，则把数据包广播到所有端口上。当目的端口对源端口回应时，交换机形成一条新的MAC地址表项，在下次转发数据时直接查找使用，不用再进行广播。

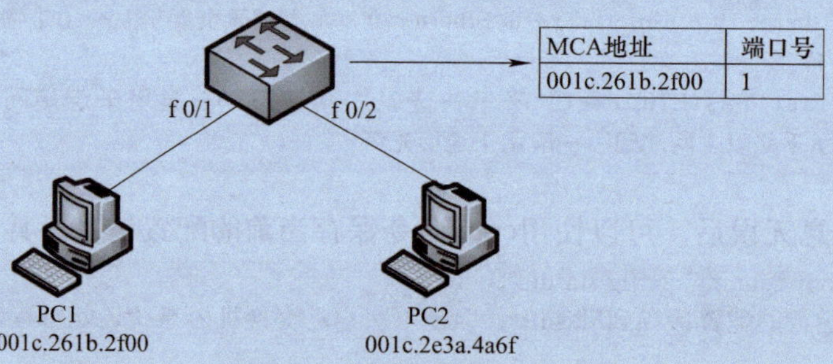

图1-27　数据包发送示意图

任务拓展

通常，交换机按是否可网管分为可网管交换机和不可网管交换机。目前大多数的交换机都是可网管交换机。可网管交换机可以通过很多途径进行管理，请上网查找资料，列出可网管交换机的管理途径。

问题思考

1．配置交换机设备名称有无限制？有效字符是什么？最多可以配置多少个有效字符？

2．当为设备配置命令错误时，如何修改？

任务6　网络互通验证

任务描述

设备配置完成后，需要对网络进行连通性测试和项目验收。

任务分析

网络连通性测试一般使用ping命令的方式进行结果验证。在本任务中需要对网络中的每台终端计算机逐一进行测试，并将测试结果填写在调试完成确认单中。任务工作流程如图1-28所示。

图1-28　任务工作流程

任务实施

1）将终端计算机IP地址都设置为自动获取，如图1-29所示。

2）使用ipconfig命令查看终端计算机的IP地址，如图1-30所示。

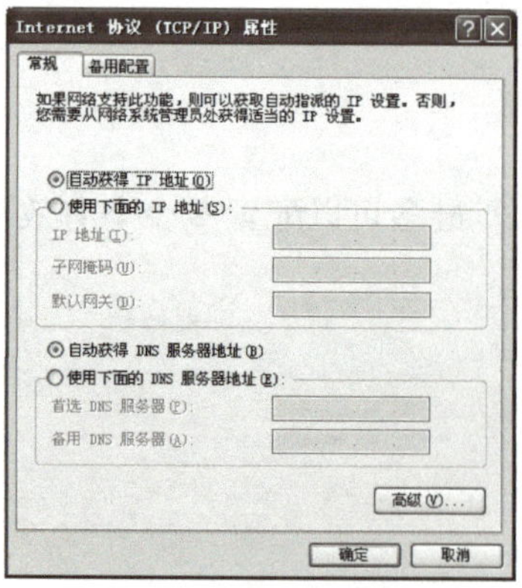

图1-29　IP地址配置

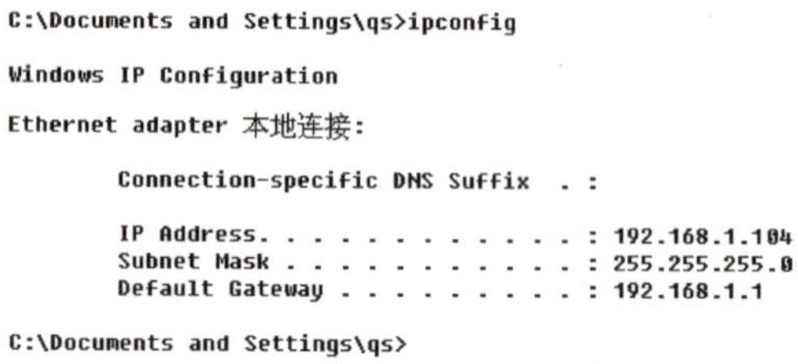

```
C:\Documents and Settings\qs>ipconfig

Windows IP Configuration

Ethernet adapter 本地连接:

        Connection-specific DNS Suffix  . :

        IP Address. . . . . . . . . . . . : 192.168.1.104
        Subnet Mask . . . . . . . . . . . : 255.255.255.0
        Default Gateway . . . . . . . . . : 192.168.1.1

C:\Documents and Settings\qs>
```

图1-30　显示计算机的IP地址

3）在计算机上单击“开始”→“运行”命令，在弹出的“运行”对话框中输入cmd进入命令行界面，然后使用ping命令测试与其他终端计算机的连通性。例如，测试与IP地址为192.168.1.1的终端计算机互通结果如下：

```
C:\Documents and Settings\Administrator>ping 192.168.1.1
Pinging 192.168.1.1 with 32 bytes of data:
Reply from 192.168.1.1: bytes=32 time<1ms TTL=64
Reply from 192.168.1.1: bytes=32 time<1ms TTL=64
Reply from 192.168.1.1: bytes=32 time<1ms TTL=64
Reply from 192.168.1.1: bytes=32 time<1ms TTL=64
Ping statistics for 192.168.1.1:
   Packets: Sent = 4, Received = 4, Lost = 0 (0% loss),
Approximate round trip times in milli-seconds:
   Minimum = 0ms, Maximum = 0ms, Average = 0ms
```

4）浏览网页进行外网连通性测试。

5）填写调试完成确认单（见表1-13）。

表1-13　×××项目设备调试完成确认单

项目名称	×××项目				
客户名称	×××公司				
客户联系人	张三	职　务	主任	电　话	130××××823
实施工程师	Sunny	电　话	139××××371		
网络项目类型：☐✓ 新项目实施　☐ 网络改造　☐ 软件升级					
设备开箱确认					
设备型号	设备数量	上电测试情况	客户确认		
RG-2328G-S	1	正常	张三		
备注：					
网络需求确认					
客户网络需求	实现情况	客户确认			
办公室全网互通	各终端可互访且可上外网	张三			
备注：					
客户代表意见： 我已检查过所有项目，证实本项目中网络设备已全部通过项目测试，设备运转情况良好，符合网络调试的要求。 客户代表（签字）：张三　　实施工程师（签字）：Sunny 时间：××××年××月××日					

任务验收

通过完成本任务，学会了使用ping命令对网络进行连通性测试的方法，明确了填写调试完成确认单中的内容。任务6验收单见表1-14。

表1-14　任务6验收单

评价内容	评价项目	评价结果
网络互通验证	1．能正确使用ping命令进行网络连通性测试	是　否
	2．能正确填写调试完成确认单	是　否
	3．能与相关人员良好沟通	是　否
	4．能恰当处理任务实施中遇到的问题	是　否

问题思考

1．若用ping命令测试网络连通性，返回的结果是“Request timed out”，说明了什么？

2．在本单元的网络中会有哪些常见的网络故障，应该如何排查解决？

单元总结

1．单元学习重点

通过本单元的学习，能对单间（办公）环境网络设备进行正确安装、配线、连接、调试和测试验证。重点学习二层交换机设备的配置环境搭建、初始化检验、模式转换、基本配置命令等内容。能在理解拓扑图的基础上制定出单间办公环境网络规划表，依据拓扑图和规划表进行网络连接和设备配置调试，满足用户的需求，具备对单间环境进行网络设备安装与调试的能力。

2．单元内容梳理

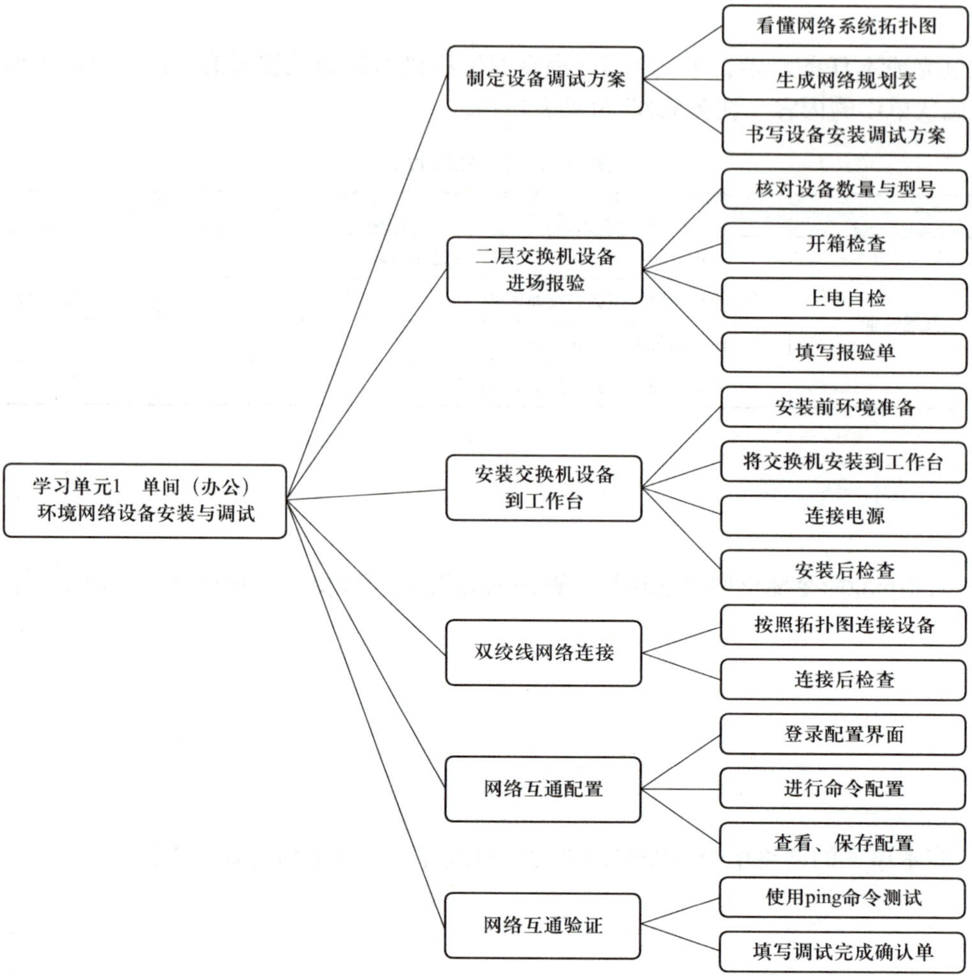

单元检测

一、选择题

1．通过交换机（　　）口进行本地登录是登录交换机最基本的方式。

A．FastEthernet　　　　B．GigabitEthernet

C．AUX　　　　D．Console

2．从特权模式进入全局模式的命令是（　　）。

A．exit　　　　B．enable

C．config　　　　D．interface

3．给交换机命名的命令是（　　）。

A．hostname　　　　B．ping

C．AUX　　D．Console

4．S-Ruijie(config)#show running 的含义是（　　）。

A．显示交换机运行状况　　B．显示交换机当前的配置

C．显示交换机端口状态　　D．显示交换机版本信息

5．在命令提示符下输入“?”的作用是（　　）。

A．可以查找命令含义

B．可以将命令补充完整

C．可以列出每个模式下使用的配置命令

D．以上都不对

6．可以使用（　　）命令测试网络的连通性。

A．enable　　B．ping

C．ipconfig/all　　D．ipconfig

二、简答题

1．一个项目的设备安装与调试方案应包含哪些主要内容？

2．请简要说明安装交换机到工作台的工作步骤。

学习单元 2

单层（办公）环境网络设备安装与调试

DANCENG (BANGONG) HUANJING WANGLUO SHEBEI ANZHUANG YU TIAOSHI

单元概要

1）本单元以某公司一层办公楼组建网络项目为载体来进行学习。在完成项目的过程中认识三层交换机设备，学会安装三层交换机，会对多台交换机进行配置和调试，逐步具备对单层办公环境进行网络设备安装与调试的技能。

2）在单层环境网络中应用的网络设备主要是二层和三层交换机。本单元主要学习局域网三层交换机。三层交换机是在二层交换机的基础上增加了路由功能。它可以加快局域网内部的数据交换。

单元目标

◆ 知识目标

1）能理解二层交换机与三层交换机的区别。

2）能说出交换机安装到机柜的步骤和要求。

3）能理解Vlan技术在局域网解决方案中的作用。

4）能写出交换机划分Vlan的配置命令。

5）能写出通过Telnet方式远程登录交换机的配置命令。

6）能理解交换机端口防环路的作用。

◆ 能力目标

1）能根据需求制定单层环境网络设备安装与调试规划。

2）能依据设备安装手册正确安装交换机到机柜。

3）能根据网络需求正确进行Vlan划分。

4）通过学习多模光纤连接的方法，完成楼宇宽带接入互联网。

5）会对设备安装与配置情况进行检查和测试。

◆ 情感态度价值观

1）树立网络设备施工规范的工作意识。

2）树立工程任务中安全施工的意识。

3）养成认真细致的工作作风。

单元描述

某公司租用一层写字楼进行办公，该层楼有6个房间。公司将其分为业务一部、业务二部、技术部、财务部、行政部5个部门，前期网络布线工作已经完成，现在需要实现公司办公环境网络化。公司内部有一台文件服务器（位于机房内），只有经理和财务部可以访问，且各部门之间不需要互相访问。Sunny和同事一起承担了该任务，要完成这层办公室网络设备的安装与调试工作。

单元分析

根据用户需求，需要对网络进行逻辑划分，选用Vlan技术可以实现。在明确网络布线与拓扑的前提下，根据需求进行网络Vlan、接口等的规划；然后明确分工与进度，合理规划时间，按照计划进行设备安装配置及调试工作。单层办公室走线图如图2-1所示。单层办公室网络系统拓扑图如图2-2所示。单层办公室项目工作流程如图2-3所示。

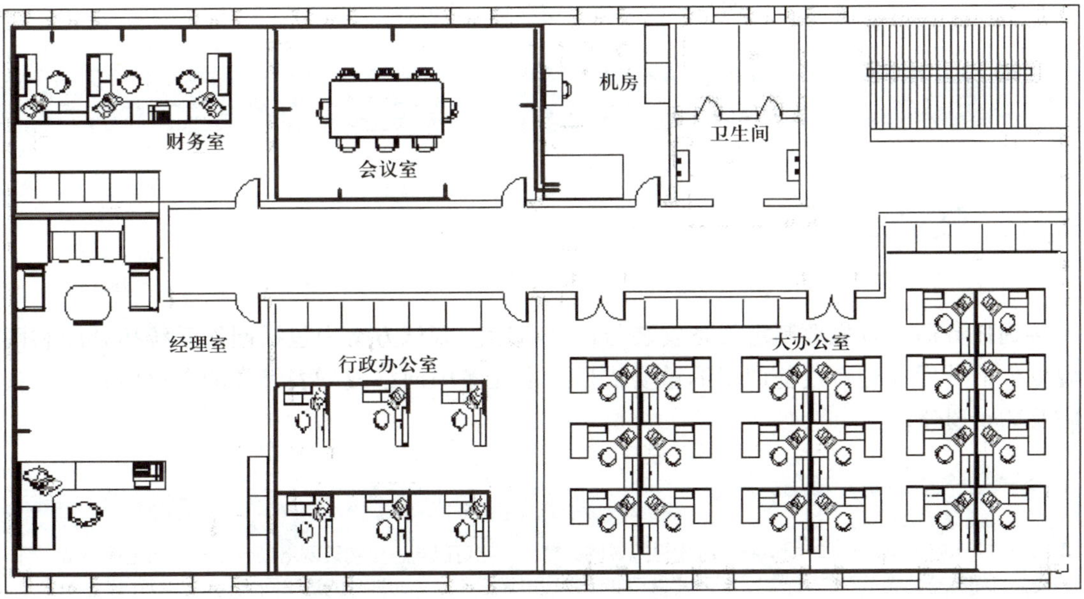

图2-1　单层办公室走线图

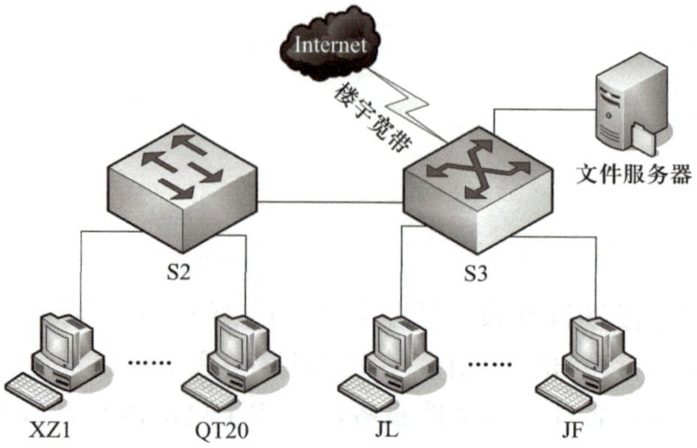

图2-2　单层办公室网络系统拓扑图

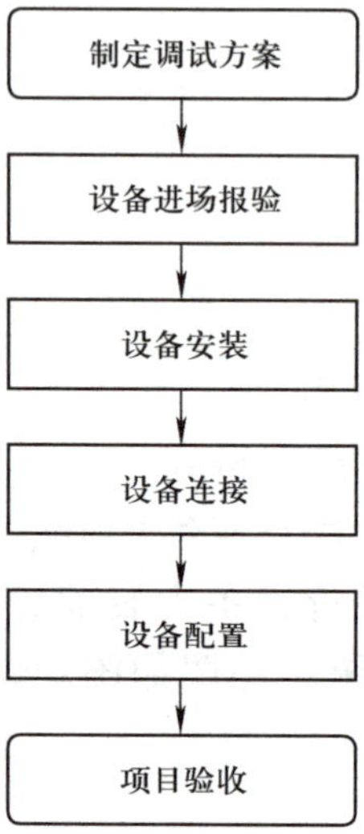

图2-3　单层办公室项目工作流程图

任务1　制订设备互联及Vlan规划

任务描述

接到任务后，首先要制定设备安装与调试方案。调试方案中包括网络系统拓扑图和网络规划表，是后期进行设备调试的重要依据。本任务中网络规划表涉及的主要内容是设备互联及Vlan划分。

知识链接

Vlan（Virtual Local Area Network）是虚拟局域网的简称，它可以将一个物理网络划分出不同的逻辑网络，可以将交换机端口分配到不同的Vlan中，且不受端口实际物理位置限制。Vlan划分的逻辑网络对应于 OSI 模型的第二层，因此网络中的单播、广播和多播帧只在一个 Vlan内转发，不会扩散到其他Vlan中。所以，一台主机想要和不在同一个Vlan 的另一台主机通信，必须通过一个三层设备转发数据。

任务分析

设备互联及Vlan规划主要是对设备命名规则、设备互联端口、各个房间信息点位号与配线架端口号、设备端口号以及各端口所属Vlan进行规划。

任务实施

1. 设备命名规划

该项目有两台设备，设备清单见表2-1。其中，交换机RG-S3760E 在配置时命名为RG-S3，RG-S2328G命名为RG-S2。

表2-1　设备清单

序　号	设备名称	设备型号/规格	数　量	供货厂商	备　注
1	锐捷交换机	RG-S3760E	1	××公司	
2	锐捷交换机	RG-S2328G	1	××公司	
3	锐捷光模块	GE-SPF-SX	1	××公司	

经验分享

为了区分不同的设备、方便管理，一般在配置多台设备时会为设备进行命名。一般情况下，若客户有自己的规范要求，则按照客户的要求进行命名规划。若没有，则可以参考设备位置、设备型号、设备编号等因素，在项目中制定统一的命名规范。本项目只参考设备型号因素进行命名。

2. 设备互联端口

可参照学习单元1，设备前两口为上行口的连接端口，后两口为下行口的连接口。本项目RG-S2的f0/1作为上行口连接RG-S3的下行口f0/24，RG-S3的g0/25作为上行口连接楼宇宽带。设备互联及端口对照表见表2-2。

表2-2　设备互联及端口对照表

型　号	设备名称	端口号	对端设备型号	设备名称	对端端口号
RG-S3760E	RG-S3	g0/25	楼宇宽带	—	—
		f0/24	RG-S2328G-S	S2	f0/1
RG-S2328G-S	RG-S2	f0/1	RG-S3760E	S3	f0/24

3. 端口规划

各个房间信息点位号与配线架端口号可以从项目的工程施工方案中获得，各端口所属Vlan需要根据客户需求进行规划。各端口及Vlan规划见表2-3。

表2-3　各端口及Vlan规划表

所属Vlan			Vlan10					Vlan20				
RG-S3	g0/25	f0/2	f0/3	f0/4	f0/5	f0/6	f0/7	F0/8	f0/9	f0/10	F0/11	f0/12
配线架1	上行	2	3	4	5	6	7	8	9	10	11	12
点位号			JL1	JL2	CW1	CW2	CW3	HY1	HY2	HY3	HY4	HY5
房间			经理室		财务室			会议室				
所属Vlan	Vlan10	Vlan50										
RG-S3	f0/13	f0/14	f0/15	f0/16	f0/17	f0/18	f0/19	f0/20	f0/21	f0/22	f0/23	f0/24
配线架1	13	14	15	16	17	18	19	20	21	22	23	24
点位号	JF1	XZ3	XZ4	XZ5	XZ6							下行
房间	机房	行政办公室										
所属Vlan			Vlan50		Vlan30							
RG-S2	f0/1	f0/2	f0/3	f0/4	f0/5	f0/6	f0/7	f0/8	f0/9	f0/10	F0/11	f0/12
配线架2	1	2	3	4	5	6	7	8	9	10	11	12
点位号	上行		XZ1	XZ2	QT1	QT2	QT3	QT4	QT5	QT6	QT7	QT8
房间			行政办公室		大办公室							
所属Vlan	Vlan40											
RG-S2	f0/13	f0/14	f0/15	f0/16	f0/17	f0/18	f0/19	f0/20	f0/21	f0/22	f0/23	f0/24
配线架2	13	14	15	16	17	18	19	20	21	22	23	24
点位号	QT9	QT10	QT11	QT12	QT13	QT14	QT15	QT16	QT17	QT18	QT19	QT20
房间	大办公室											

温馨提示

交换机上支持多个Vlan划分，如锐捷RG-S3760系列交换机支持最多4 094个Vlan。不同的Vlan使用Vlan ID来区分，如Vlan 10、Vlan 20等。

任务验收

在理解项目需求、看懂网络系统拓扑图、制定出设备互联及Vlan规划等网络规划表的基础上制定出该项目的调试方案。任务1验收单见表2-4。

表2-4　任务1验收单

评价内容	评价项目	评价结果
制定设备互联及Vlan规划	1．能理解Vlan的含义	是　否
	2．能为不同的设备正确命名	是　否
	3．能根据系统拓扑图和客户需求正确进行Vlan规划	是　否
	4．能按照调试方案模板正确书写调试方案	是　否
	5．能与客户进行良好的沟通	是　否

任务2 三层交换机设备进场报验

任务描述

依据设备清单规定的型号，负责为该项目供货的集成商送来一台锐捷RG-S2328G-S交换机和一台锐捷RG-S3760E三层交换机（已安装了光纤模块），Sunny对设备进行进场报验。

任务分析

在本任务中，需要对两台不同型号的锐捷交换机分别进行现场报验，请填写完成图2-4所示的工作流程。

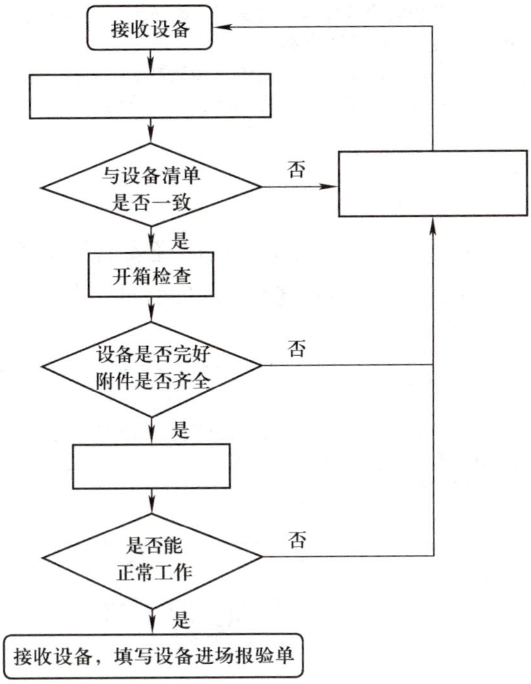

图2-4 工作流程

任务实施

1. 依据设备清单（见表2-1），在现场核对设备数量与型号

本项目共有两台设备，对照设备清单直接进行计数。数量无误后，分别核对设备型号，查看包装箱外贴有带设备型号的标签，核对标签上的内容即可。锐捷RG-S3760E交换

机标签如图2-5所示。

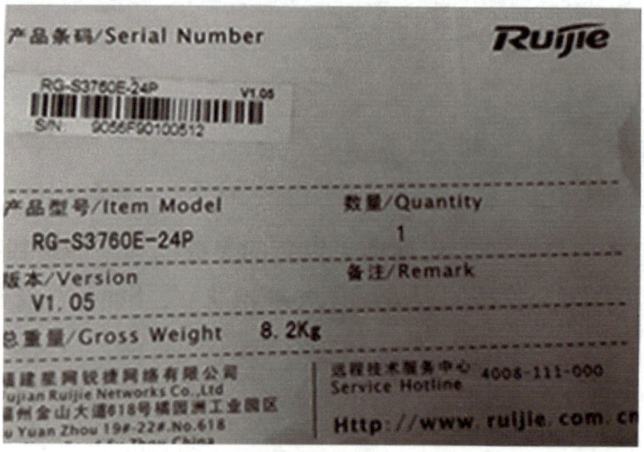

图2-5　锐捷RG-S3760E外包装标签

知识链接

二层交换机用于小型的局域网络。在小型局域网中，广播包影响不大，二层交换机的快速交换功能、多个接入端口和低廉价格为小型网络用户提供了很完善的解决方案。

三层交换机最重要的功能是加快大型局域网络内部数据的快速转发。如果把大型网络按照部门、地域等因素划分成一个个小局域网，将导致大量的网际互访，单纯地使用二层交换机不能实现网际互访，采用具有路由功能的快速转发的三层交换机就成为首选。

2．开箱检查设备是否完好，附件是否齐全

由于在客户的要求下，RG-S3760E系列交换机已经安装了光纤模块，所以在本环节还要对光纤模块进行检查，其他附件报验请参考学习单元1任务2中的相应内容。

知识链接

RG-S3760E系列交换机是锐捷网络推出的融合了高性能、高安全、多业务的新一代三层交换机。交换机前面板提供了24个10/100Base-T 以太网端口、两个千兆SFP光电复用口、1 个Console 口，后面板提供交流电源输入接口、RPS输入接口以及一个扩展插槽。其外观如图2-6所示。

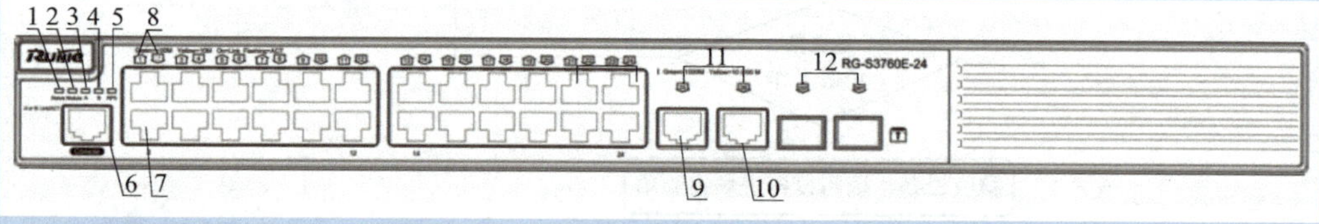

图2-6　RG-S3760E-24交换机整体外观

1——交换机状态指示灯
2——扩展模块在位指示灯
3——扩展端口1状态指示灯
4——扩展端口2状态指示灯
5——RPS状态指示灯
6——Console口
7——10/100Base-T自适应以太网端口
8——10/100Base-T自适应以太网端口指示灯
9——10/100/1000Base-T自适应以太网端口
10——100/1000Base-X SFP端口
11——10/100/1000Base-T自适应以太网端口指示灯
12——100/1000Base-X SFP端口指示灯

3．设备上电自检

交换机上电完成自检后，若前面板状态指示灯（见图1-11）为绿色常亮，且可以自动进入命令行界面（见图1-12），则表示自检成功，可以正常使用。

4. 填写设备进场报验单

设备核对检测无误后，网络工程实施人员填写设备进场报验单，并存档。设备进场报验单见表1-5。

任务验收

通过完成本任务，理解二层交换机与三层交换机的区别，学会如何对三层交换机设备进行进场报验。通过核对设备数量、检查设备型号等内容后，填写设备进场报验单，经监理工程师签字后存档。任务2验收单见表2-5。

表2-5 任务2验收单

评价内容	评价项目	评价结果
三层交换机设备进场报验	1. 能正确核对交换机的数量和型号	是 否
	2. 能正确开箱检查设备	是 否
	3. 能正确上电自检设备	是 否
	4. 能正确填写设备进场报验单	是 否
	5. 能说明三层交换机与二层交换机的区别	是 否
	6. 能与相关人员进行良好的沟通	是 否
	7. 能恰当处理任务实施中遇到的问题	是 否

问题思考

请谈谈你对二层交换机与三层交换机区别的理解。

任务3 安装交换机到机柜

任务描述

设备进场报验完成后，Sunny着手进行设备安装工作，需要依照安装手册分别将两台交换机安装到19in（1in=25.4mm）的机柜中。

任务分析

网络设备安装流程如图2-7所示，请填写空白处的内容。

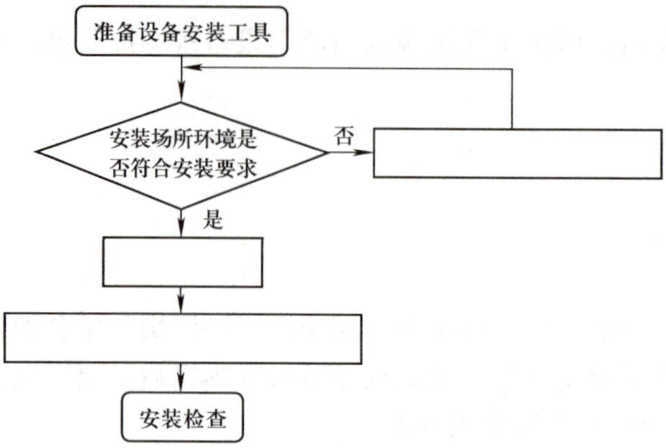

图2-7　网络设备安装流程

任务实施

1. 准备设备安装工具及配件

本任务是将一台RG-S3760E系列、一台RG-S2328G系列交换机安装到19in 24U标准机柜中。设备安装工具及配件见表2-6。

表2-6　设备安装工具及配件

序号	类别	名称	功能	图示
1	常用工具	十字螺钉旋具	用来拧转十字螺钉以迫使其就位的工具	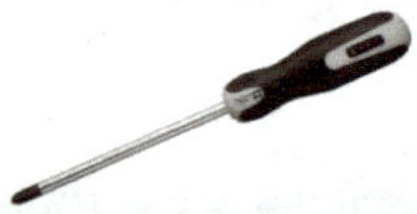
		一字螺钉旋具	用来拧转一字螺钉以迫使其就位的工具	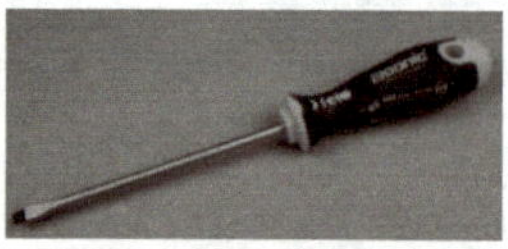
		斜口钳	用于剪切导线、元器件多余的引线，还常用来剪切绝缘套管、尼龙扎线卡	
		尖口钳	适用于拉开光缆外皮或夹持小件物品	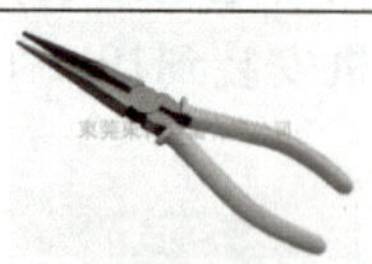
		捆扎带	捆扎线缆的带子	

（续）

序　号	类　别	名　称	功　能	图　示
2	专用工具	防静电腕带	用以泄放人体的静电	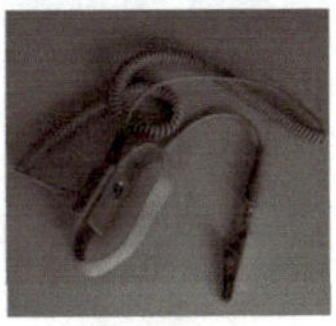
3	安装配件	接地线	一根导线，传输静电的媒介	
		M4螺钉、M6螺钉	固定作用	
		浮动螺母	可以消除装配误差、减少安装孔错位问题	

2. 安装前环境检查

安装前，除了确保安装场地满足通风、温度、湿度、洁净度及抗干扰要求外，还要确认机柜足够牢固，能够支撑交换机及其安装附件的重量，更要确认机柜的良好接地。

3. 安装交换机到机柜中

RG-S3760E系列交换机标配了一对挂耳，可以采用前挂耳安装方式将交换机安装到19in机柜中。交换机挂耳示意图如图2-8所示。

图2-8　交换机挂耳示意图

（1）安装挂耳到交换机

请操作者佩戴防静电腕带，需确保防静电腕带与皮肤良好接触，并确认防静电腕带已经良好接地，如图2-9所示。

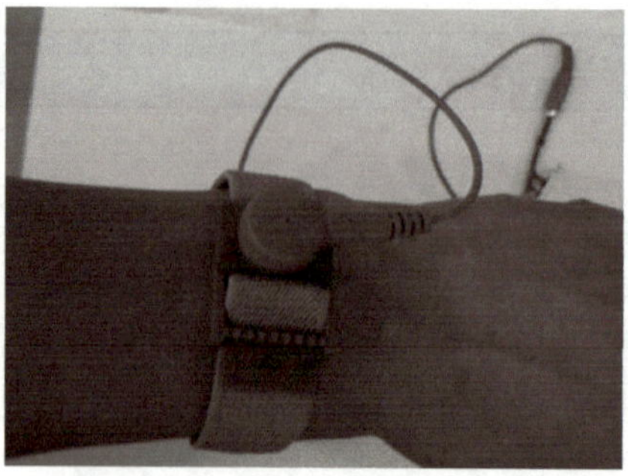

图2-9　防静电腕带佩戴示意图

安装挂耳到机箱时，将挂耳的长边贴近设备，挂耳的安装孔与机箱侧面的螺钉孔对齐。因为本任务采用前挂耳安装方式，所以将挂耳安装在靠近设备前面板的左、右固定位置，如图2-10所示。

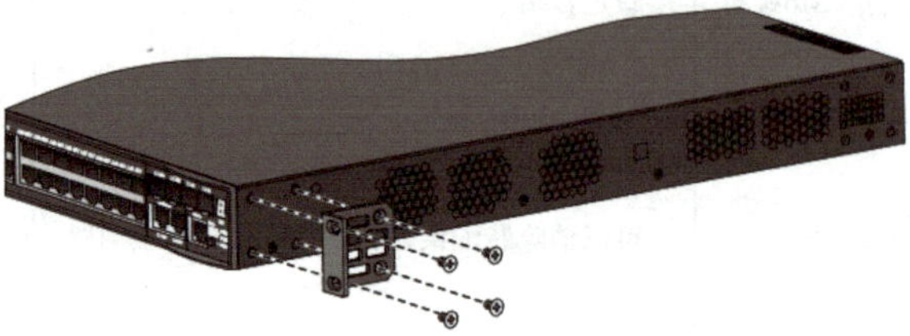

图2-10　采用前面板侧挂耳安装位置

顺时针方向拧紧M4螺钉（标配），从而将挂耳固定到机箱中。

（2）安装交换机到机柜

请操作者佩戴防静电腕带，需确保防静电腕带与皮肤良好接触，并确认防静电腕带已经良好接地，并检查机柜的接地与稳定性。检查并确保挂耳已固定在交换机的两侧。将浮动螺母（用户自备）安装到交换机安装位的立柱方孔上，如图2-11所示。

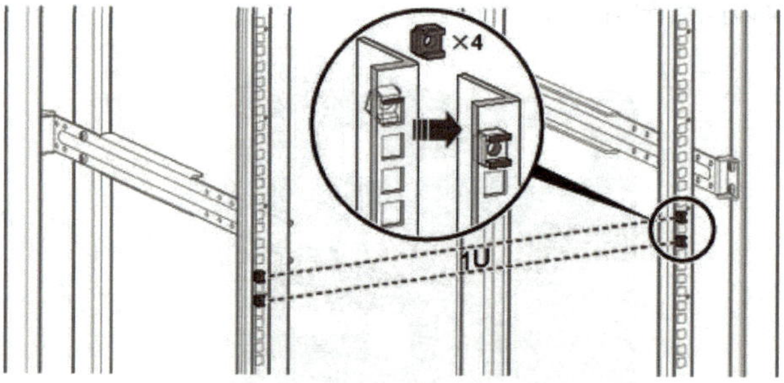

图2-11　浮动螺母安装示意图

经验分享

安装设备时要注意以下几点：

1）保持机箱清洁、无尘。

2）不要将设备放在行走区域内。

3）请不要穿宽松的衣服，或其他可能被机箱挂住的东西。

4）移动设备时，应注意平衡，避免碰伤腿和脚、扭伤腰。

一位安装人员用手托住交换机的底部，根据实际情况和挂耳的安装位置，沿机柜移动交换机至合适的位置。另一位安装人员用满足机柜安装尺寸要求的螺钉（螺钉一般为设备附件，放置在包装箱内）将交换机通过挂耳固定在机架上，保证位置水平并牢固，如图2-12所示。

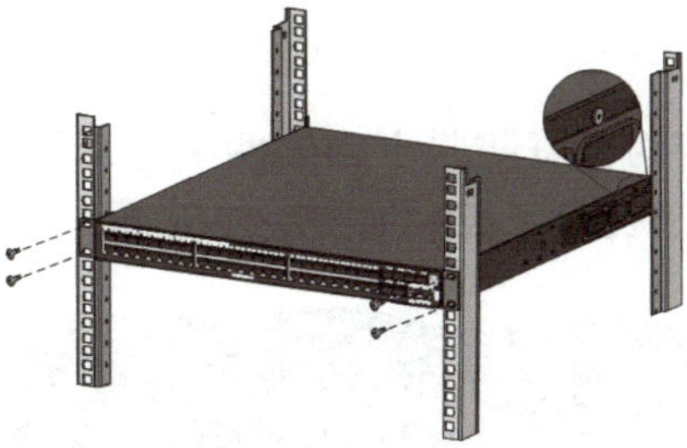

图2-12　交换机固定机架示意图

在RG-S3760E系列交换机安装完成后，用同样的方法将另外一台RG-S2328G系列交换机安装到机柜中。

经验分享

两台交换机之间需要隔一个方孔（即半U）的距离，用于设备自身散热。

（3）连接保护地线

使用RG-S3760E系列交换机提供的一根黄绿双色的接地线缆。该接地线缆两端装有OT端子，如图2-13所示。

图2-13　接地线缆

经验分享

交换机的接地线缆应该连接到机房的工程接地。消防水管和建筑物的避雷针接地都不是正确的接地位置。

将接地线的一端与交换机接地柱相连（见图2-14），另一端与机柜接地端相连，如图2-15所示。

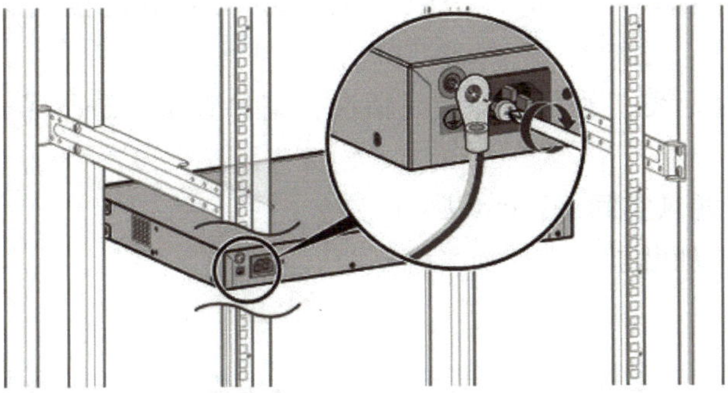

图2-14　交换机接地柱与接地线连接

图2-15　机柜接地端与地线连接

知识链接

RG-S3760E系列交换机的接地柱位置是在设备后面板的左边，而RG-S2328G系列交换机的接地柱位置是在设备后面板的右边。

（4）电源线连接

安装交流电源线的防脱卡钩，将防脱卡钩的两头分别插入交流电源接口两侧的插槽中，安装完成后将电源线防脱卡钩向上扳，如图2-16所示。

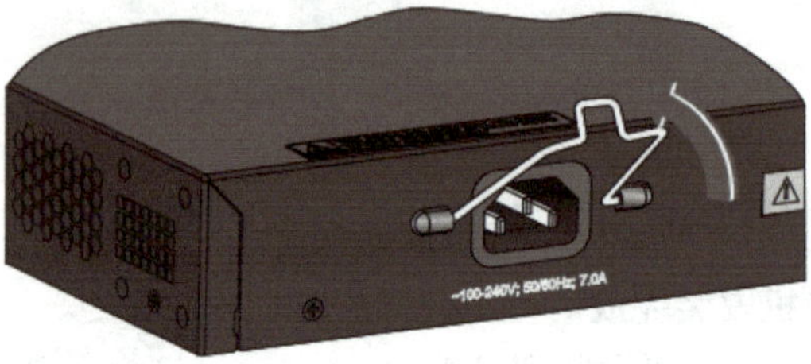

图2-16　防脱卡钩安装示意图

将交换机的电源线一端与交换机机箱后面板的电源插座连接上，如图2-17中①所示；将电源线防脱卡钩向下扳，卡住交流电源线，如图2-17中②所示。将电源线另一端插到外部供电交流电源插座上。

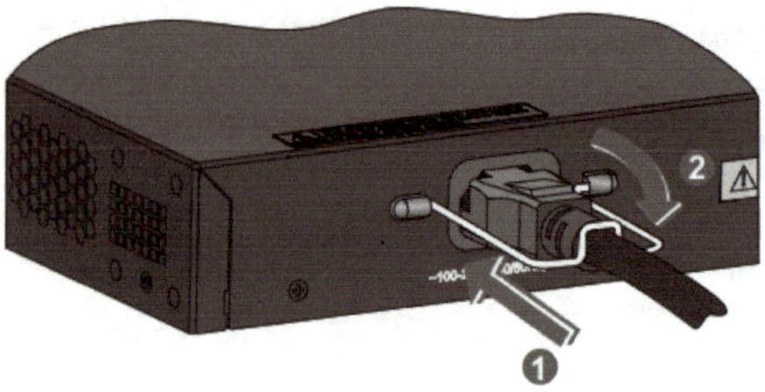

图2-17　电源线连接示意图

温馨提示

安装交流电源线防脱卡钩后，能够防止交流电源线的意外脱落。

4. 安装后检查

两台设备安装完成后，对安装情况进行检查，检查内容如下：

1）检查PE线（保护接地线）是否连接。

2）检查选用电源与交换机的标识电源是否一致、电源输入电缆连接关系是否正确。

3）检查接口线缆是否都在室内走线，若有户外走线情况，请检查是否进行了交流电源防雷插排、网口防雷器等的连接。

4）检查设备周围是否有足够的通风空间（10cm以上）。

各项检查无误后，就可以给设备加电了。

5. 交换机加电

1）配置微机超级终端连接端口，并将微机的串口通过配置电缆与以太网交换机的Console 口连接，具体操作请参考学习单元1的内容。

2）为交换机加电后，为保证后面配置工作的正常进行需检查以下内容：

① 交换机前面板的状态指示灯是否开始闪烁，指示灯闪烁表示电源连接正确。

工作经验

加电后状态指示灯不亮或者灯亮红色，该如何解决？

①灯不亮：检查机房供电插座是否正常，与交换机连接的电源线有无松动。

②灯亮红色：请检查风扇是否被堵转或损坏，或检查交换机的工作环境，清理机箱灰尘，并增加制冷。

② 查看微机界面是否显示启动信息 。如果配置系统出现故障，则配置终端可能无显示或者显示乱码。

工作经验

如果上电后，配置终端无显示信息，则需要进行以下检查：

① 电源是否正常。

② 配置口（Console）电缆是否正确连接。

如果以上检查未发现问题，很可能是配置电缆有问题或者终端（如超级终端）参数的设置错误，请进行相应的检查。

如果终端显示乱码，请检查终端（如超级终端）参数的设置。

如果上两点内容均正常，则设备安装完成，否则需要关闭电源，排除故障，再加电检查，直至完成。

任务验收

通过完成本任务，学会了将交换机安装到19in的标准机柜中。任务3验收单见表2-7。

表2-7 任务3验收单

评价内容	评价项目	评价结果
安装交换机到机柜	1．能正确说出交换机的安装环境要求	是 否
	2．能正确完成系统接地工作	是 否
	2．能正确安装交换机到机柜中	是 否
	3．设备安装完成后，能正确进行检查	是 否
	4．能恰当处理任务实施中遇到的问题	是 否

问题思考

交换机安装到机柜有几种方式？通常采用哪种方式安装？其他安装方式在什么情况下使用？

任务4　多模光纤网络连接

任务描述

设备局域网络部分的连接完成后，需要完成局域网与互联网的连接，即通常所说的连接外网。本任务使用多模光纤连接公司租用楼宇宽带的方式连接外网。

任务分析

网络布线人员已经做好了光纤盘线工作，并制作好了一根光纤跳线，现在只需将该光纤跳线与RG-S3760E交换机上的光纤模块端口连接，工作流程如图2-18所示。

图2-18　光纤模块连接工作流程

任务实施

1. 确认安装光模块端口

确认安装光模块的交换机端口，拔掉该端口安装光纤模块的安装橡胶塞，如图2-19所示。

图2-19　光纤模块橡胶塞示意图

知识链接

光纤模块是光收发一体模块的简称，是光纤通信系统中重要的器件。光纤模块由光电子器件、功能电路和光接口等组成。光纤模块的作用就是光电转换，发送端把电信号转换成光信号，通过光纤传送后，接收端再把光信号转换成电信号。常见的光纤模块有两种：GBIC光模块，SFP光模块。SFP模块的体积比GBIC模块减少了一半，只有大拇指大小，可以理解为GBIC的升级产品，有的厂商也将SFP称为Mini GBIC，目前应用最广。SFP模块如图2-20所示。

图2-20　SFP模块

2. 安装光模块

将光纤模块插入交换机g0/25端口，如图2-21所示。一般情况下，该类端口可以同时支持光纤连接或者铜缆连接，俗称“光电复用”端口。如果进行光纤连接，则需要在端口中先插入光纤模块，再在适配器的光纤接口中插入光纤跳线连接对端设备；如果使用铜缆连接，则直接在端口中连接铜缆跳线即可。

图2-21　光纤模块插入交换机端口

温馨提示

将光纤模块插入交换机端口时，注意模块的方向，模块前端与交换机模板上模块方向提示符一致。

3. 连接光纤跳线

使用光纤跳线连接RG-S3760E系列交换机，连接示意图如图2-22所示。光纤插接器连接设备示意图如图2-23所示。

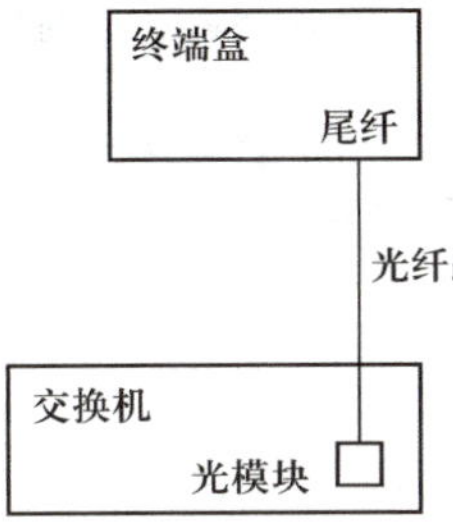

图2-22　光纤跳线连接交换机示意图

图2-23　光纤插接器连接设备示意图

4. 配置光纤端口介质类型

```
RG-S3(config)# interface gigabitethernet 0/25
RG-S3 (config-if)# medium-type fiber
RG-S3 (config-if)# end
```

知识链接

RG-S3760E的f0/25、f0/26是复用端口，当将光纤模块插入交换机端口时，启用光口还是电口，需要对端口的介质类型进行配置。可以使用命令Ruijie(config-if)# medium-type { fiber | copper } 来设置端口的介质类型。其中，fiber代表设置该端口为光口，copper代表设置该端口为电口。该配置命令只对物理端口有效，只对支持介质选择的端口有效。

经验分享

在有些厂商的交换机设备中有些接口，可以有多种介质类型供用户选择。可以选择其中一种介质使用。一旦选定端口的介质类型，端口的连接状态、速度、双工、流量控制等属性都是指该介质类型的属性。如果改变介质类型，则新选的介质类型的这些属性将使用默认值，可以根据需要重新设定这些属性。

5. 线缆连接

（1）两台交换机级联

使用一根网络跳线将RG-S3760E系列交换机1号端口与RG-S2328G系列交换机Uplink端

口进行连接，如图2-24所示。

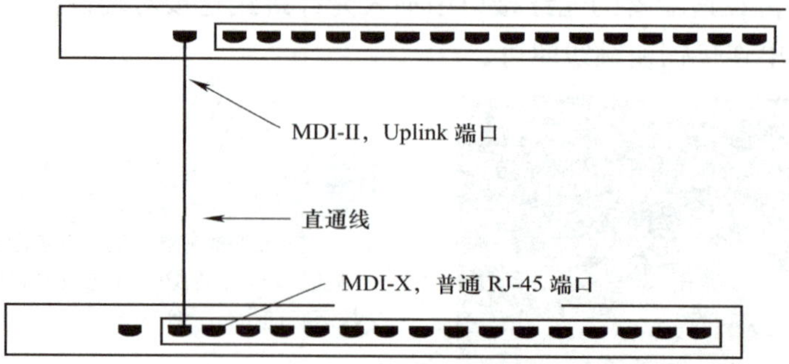

图2-24　交换机级联图

知识链接

级联是两台或两台以上的交换机通过一定的方式相互连接。级联方式实现简单，只需一根普通的双绞线即可，节约成本而且基本不受距离的限制。级联分为以下两种：

1）使用普通端口级联。所谓普通端口就是通过交换机的某一个常用端口（如RJ-45端口），使用网络跳线将两个交换机的常用端口进行连接实现级联。

2）使用Uplink端口级联。Uplink端口是专门与上级交换机连接的端口，只需通过直通双绞线将该端口连接至其他交换机上，除“Uplink端口”外的任意端口即可（注意，并不是Uplink端口的相互连接）。

（2）终端、服务器线缆与交换机连接

根据拓扑图，将终端、服务器线缆与两台交换机相连。

6. 粘贴线缆标签，填写交换机电源线缆标签

7. 捆扎线缆

（1）捆扎设备电源线

梳理两条交换机电源线和机柜散热器电源线，确定固定位置后，使用捆扎带将3条电源线与机柜一侧立柱方孔进行固定。

经验分享

1）电缆在机柜中捆扎后，应平直、捆扎整齐，不得有电缆缠绕、弯曲等现象。

2）电源线不得绑扎在运动部件的导轨上。

3）用线扣将电缆绑扎好后，应将多余的部分剪去，切口要平滑整齐，不得留有尖脚，如图2-25所示。

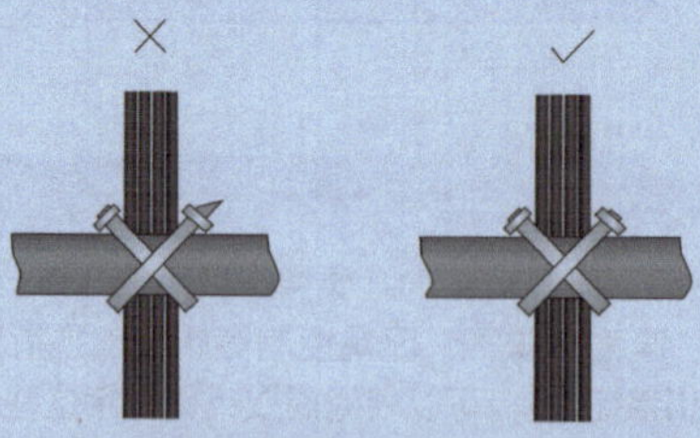

图2-25　捆扎示意图1

（2）捆扎网络线缆

梳理网络线缆，使用捆扎带将3条电源线与机柜另一侧立柱方孔进行固定。

经验分享

1）不同类型的电缆（电源线、信号线、地线等）在机柜中应分开走线、绑扎，不得混扎在一起，以免引起信号干扰，影响网络数据传输。

2）在电缆需要弯曲时，需要在电缆进行弯曲前进行绑扎，线扣不能绑扎在弯曲的区域内，以免在电缆中产生较大的应力，而使电缆芯线断裂，如图2-26所示。

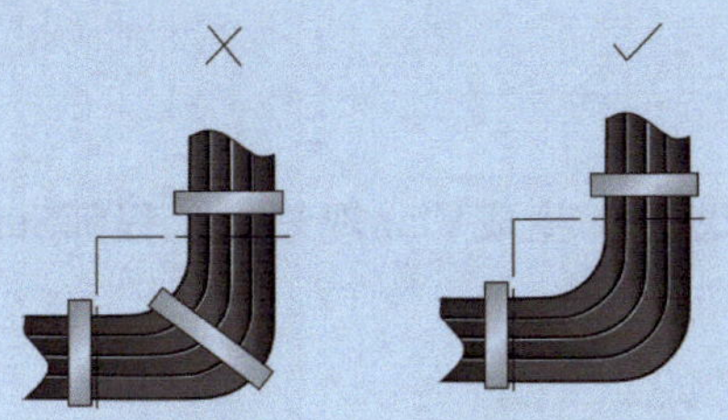

图2-26　捆扎示意图2

任务验收

通过完成本任务，学会了使用普通端口进行交换机级联操作、根据拓扑图进行线缆连接的操作。任务4验收单见表2-8。

表2-8　任务4验收单

评价内容	评价项目	评价结果
多模光纤网络连接	1．能正确说出两种交换机级联方式及实现方法	是　否
	2．能正确将光纤跳线与交换机相连	是　否
	3．能规范填写线缆标签、正确粘贴	是　否
	4．能正确捆扎线缆	是　否
	5．能恰当处理任务实施中遇到的问题	是　否

问题思考

1．请解释光纤和光缆的区别、光纤尾纤和光纤跳线的区别。

2．光纤跳线按传输媒介一般可以分为哪两类，在实际应用中如何区分？本任务中使用的是哪一类？

任务5　交换机Vlan配置与调试

任务描述

本项目按部门进行了Vlan划分，生成Vlan规划，工程师Sunny需要依据项目Vlan规划对交换机进行Vlan配置。

任务分析

交换机上划分Vlan，首先创建不同的Vlan，然后将相应端口划分到Vlan，最后进行网络测试验证。Vlan划分配置与测试工作流程如图2-27所示。

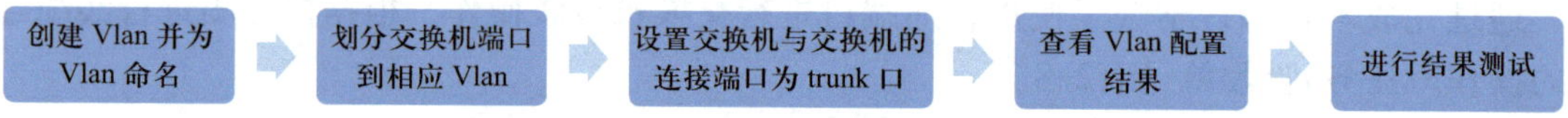

图2-27　Vlan划分配置与调试工作流程

任务实施

1. 创建Vlan并为Vlan命名

1）在型号为RG-S3760的三层交换机RG-S3上创建经理、财务部和机房的Vlan，Vlan ID为10，名称是master。具体配置如下：

```
Ruijie>enable                                  //用户模式进入特权模式
Ruijie#configure terminal                      //特权模式进入全局模式2
Ruijie(config)#hostname  RG-S3                 //交换机命名为RG-S3
RG-S3 (config)# vlan 10                        //创建vlan id 为10的vlan并进入vlan模式
RG-S3 (config-vlan)# name master               //该vlan名称为master
RG-S3 (config-vlan)# exit                      //退出vlan模式
```

2）在交换机RG-S3上创建会议室Vlan，Vlan ID为20，名称是other。

```
RG-S3 (config)# vlan 20                        //创建vlan id 为20的vlan并进入vlan模式
RG-S3 (config-vlan)# name other                //该vlan名称为other
RG-S3 (config-vlan)# exit                      //退出vlan模式
```

3）在型号为RG-S2328的二层交换机RG-S2上创建业务部、技术部、行政部Vlan。Vlan ID分别为30、40、50，名称分别是business、technology、admin。请参考上述配置写出具体的配置命令。

2. 划分交换机端口到相应Vlan

1）在型号为RG-S3760的三层交换机RG-S3上的具体配置如下：

```
RG-S3(config)# interface range FastEthernet 0/3-7
                                        //进入交换机f0/3-7端口
RG-S3(config-range-if)# switchport access vlan 10
                                        //将f0/3-7端口划分到vlan10
RG-S3(config-if)# exit                  //退出该端口模式
RG-S3(config)# interface FastEthernet 0/13
                                        //进入交换机f0/13端口
RG-S3(config-if)# switchport access vlan 10
                                        //将f0/13端口划分到vlan10
RG-S3(config-if)# exit
RG-S3(config)# interface range FastEthernet 0/8-12
                                        //进入交换机f0/8-12端口
RG-S3(config-range-if)# switchport access vlan 20
                                        //将f0/8-12端口划分到vlan20
RG-S3(config-if)# exit
RG-S3(config)# interface range FastEthernet 0/14-17
                                        //进入交换机f0/14-17端口
RG-S3(config-range-if)# switchport access vlan 50
                                        //将f0/14-17端口划分到vlan50
```

经验分享

1）将交换机端口划分到Vlan有以下两种方法：

① 先进入端口，再将端口划分到Vlan。

```
Ruijie(config)#interface GigabitEthernet 0/2
Ruijie(config-if)#switchport access vlan 10
```

② 先创建Vlan，再将端口添加到该Vlan。

```
Ruijie (config)# vlan 10
Ruijie (config-vlan)#add  interface  GigabitEthernet 0/1
```

2）将交换机某个端口划分到Vlan中，可以使用如下命令：

```
Ruijie (config)# interface FastEthernet 0/1           //进入交换机f0/1端口
Ruijie (config-if)# switchport access vlan 10         //将f0/1端口划分到vlan10
```

将交换机某些连续端口划分到Vlan中，可以使用如下命令：

```
Ruijie (config)# interface range FastEthernet 0/1-5   //进入交换机f0/1-5端口
Ruijie (config-if-range)# switchport access vlan 10   //将f0/1-5端口划分到vlan10
```

2）在型号为RG-S2328的二层交换机RG-S2上将f0/3-4端口划分到Vlan50，将f0/5-12端口划分到Vlan30，将f0/13-24端口划分到Vlan40。请参考上述配置写出具体的配置命令。

3. 设置交换机与交换机的连接端口为trunk口

（1）在型号为RG-S3760的三层交换机RG-S3上将f0/24端口配置为trunk口

```
RG-S3(config)# interface  FastEthernet 0/24            //进入交换机f0/24端口
RG-S3(config-if)# switchport mode trunk                 //将f0/24端口设置为trunk口
```

（2）在型号为RG-S2328的二层交换机RG-S2上将f0/1端口配置为trunk口

```
RG-S2(config)# interface  FastEthernet 0/1             //进入交换机f0/1端口
RG-S2(config-if)# switchport mode trunk                 //将f0/1端口设置为trunk口
```

知识链接

交换机的端口一般有access和trunk两种模式。

当交换机的端口为access 模式时，该端口只能属于1个Vlan。access端口一般用于连接计算机，也可以用于交换机和交换机之间的连接。

当交换机的端口为trunk模式时，该端口允许多个Vlan通过。通常为了保证跨多个交换机上建立的同一个vlan的成员之间可以相互通信，将交换机与交换机之间连接的端口模式设置为trunk。

4. 查看Vlan配置结果

创建Vlan后，还要查看Vlan划分是否正确，交换机的端口是否全部划分到相应的Vlan中。在特权模式中使用命令show vlan可以显示Vlan与接口的全部信息。交换机RG-S2上的Vlan配置显示如下：

```
RG-S2(config-if-range)#show  vlan
VLAN  Name            Status    ports
--------------------------------------------------------------------------------
1     default         active    Fa0/1 ， Fa0/2
30    business        active    Fa0/1 ， Fa0/5 ， Fa0/6
                                Fa0/7 ， Fa0/8 ， Fa0/9
                                Fa0/10， Fa0/11， Fa0/12
40    technology      active    Fa0/1 ， F0/13 ， F0/14
                                Fa0/15， Fa0/16， Fa0/17
                                Fa0/18， Fa0/19， Fa0/20
                                Fa0/21， Fa0/22， Fa0/23
                                Fa0/24
50    admin           active    Fa0/1 ， Fa0/3 ， Fa0/4
```

5. 查看交换机配置结果

交换机RG-S2上的配置显示如下：

```
RG-S2(config-if-range)#show  running
Building configuration...
Current configuration : 1771 bytes
```

```
!
version RGOS 10.2(5), Release(67430)(Fri Oct 23 17:54:38 CST 2009 -ngcf49)
!
vlan 1
!
vlan 30
 name business
!
vlan 40
 name technology
!
vlan 50
 name admin
!
no service password-encryption
!
hostname RG-S2
interface FastEthernet 0/1
 switchport mode trunk
!
interface FastEthernet 0/2
!
interface FastEthernet 0/3
 switchport access vlan 50
!
interface FastEthernet 0/4
 switchport access vlan 50
!
interface FastEthernet 0/5
 switchport access vlan 30
!
interface FastEthernet 0/6
 switchport access vlan 30
!
……
interface FastEthernet 0/12
 switchport access vlan 30
!
interface FastEthernet 0/13
 switchport access vlan 40
!
interface FastEthernet 0/14
 switchport access vlan 40
!
……
interface FastEthernet 0/24
 switchport access vlan 40
!
interface GigabitEthernet 0/25
!
interface GigabitEthernet 0/26
!
```

学习单元2

```
!
line con 0
line vty 0 4
 login
!
!
end
RG-S2(config-if-range)#
```

6. 进行结果测试

将交换机中的以太网络接口分配到相应的Vlan后进行连通测试，测试依据为相同的Vlan中的计算机能够实现互通，而不同的Vlan中的计算机不能实现互通。

任务验收

将公司的每个办公室分配在对应的Vlan区域后，查看了Vlan与端口的对应关系，验证多个部门Vlan之间的互通情况。任务5验收单见表2-9。

表2-9　任务5验收单

评价内容	评价项目	评价结果
交换机Vlan配置与调试	1．是否能正确创建Vlan	是　否
	2．是否能正确为Vlan命名	是　否
	3．是否能正确向Vlan添加端口	是　否
	4．是否能正确配置trunk端口	是　否
	5．是否能正确解释交换机端口的常见类型	是　否
	6．是否能正确使用show命令查看Vlan信息	是　否
	7．是否能正确测试Vlan间的连通	是　否

问题思考

网络中划分Vlan的好处有哪些？它可以帮助解决哪些网络问题？

任务拓展

某学校内网被划分为Vlan10、Vlan20和Vlan30三个Vlan，分别代表学生Vlan、教师Vlan和机房Vlan。请按照图2-28所示的网络拓扑图连接设备，并按要求进行Vlan划分配置。

说明：其中S1上f0/5-20口属于Vlan10，f0/21-23口属于Vlan20；S2上f0/5-6口属于Vlan20，f0/7-23口属于Vlan30；S3上f0/5-23口属于Vlan30。

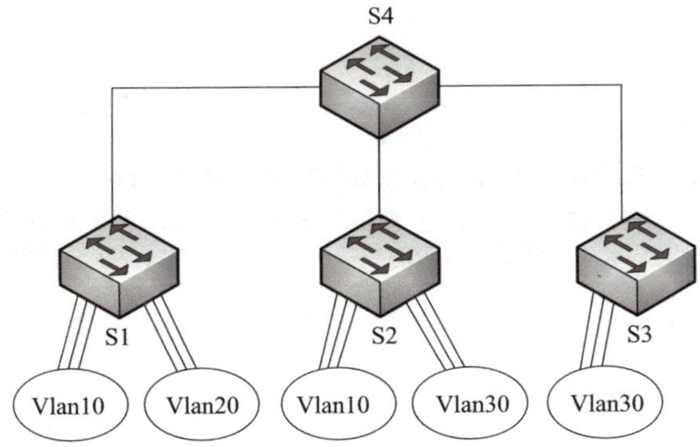

图2-28　某学校内部网络拓扑图

任务6　交换机Telnet远程登录管理配置与调试

任务描述

为了方便配置与管理设备，需要对交换机配置远程登录功能，使用Telnet方式可以对设备的远程登录进行管理。

任务分析

对于安全性要求不高的网络环境，通过Telnet方式登录交换机，可以满足用户远程管理设备的要求。Telnet远程登录需要进行登录验证，验证的方式一般为密码方式，还有用户名和密码验证方式。具体配置工作流程如图2-29所示。

图2-29　配置交换机Telnet工作流程

任务实施

1. 配置型号为RG-3760的三层交换机RG-S3的管理IP地址

```
RG-S3 (config)#interface  vlan 1                          //进入虚拟端口Vlan1
RG-S3 (config-if)#ip address 192.168.0.1 255.255.255.0    //配置该端口IP地址
RG-S3 (config-if) #exit
```

经验分享

一般交换机的端口不可以直接配置IP地址，可以使用SVI（虚拟端口）的方式配置交换机的IP地址，以便于日常维护管理交换机。可以使用Vlan 1作为虚拟端口，配置交换机的IP地址。Vlan1的IP地址通常也被称为交换机的管理IP，用于远程登录交换机。Vlan 1是交换机系统的默认Vlan，不可删除。在没有将交换机的端口划分到其他的Vlan之前，它们都属于默认Vlan。

2. 配置RG-S3上的“vty”的密码

```
RG-S3(config)#line vty 0 4                  //进入vty 0～4的line线路
RG-S3(config-line)#login                    //启用line线路口令保护
RG-S3(config-line)#password 333abc          //配置用于登录验证的密码333abc
```

知识链接

1. Line线路

通常也称line模式，它是对交换机进行远程登录管理的模式，该模式下可以使用通信协议。

2. vty

vty是用于交换机远程登录的虚拟端口。默认情况下，vty类型端口允许所有的协议进行通信。vty 0 4表示有5个虚拟端线路可以远程访问交换机，vty0是一个虚拟端线路，vty1是另一个线路，依此类推。即允许5个用户同时telnet登录交换机。（注：本任务中使用的交换机最多可以配置0～35共36个用户。）

3. 配置RG-S3上的“enable”密码

```
RG-S3(config)#enable password ruijie        //配置进入特权模式的密码为ruijie
```

温馨提示

通过telnet方式实现远程登录交换机，配置设备的“vty密码”和“enble密码”，两者缺一不可，很多初学者容易忽略这一点。

4. 配置型号为RG-2328的二层交换机RG-S2的管理IP地址

```
RG-S2 (config)#interface  vlan 1                          //进入虚拟端口Vlan1
RG-S2 (config-if)#ip address 192.168.0.2 255.255.255.0    //配置该端口IP地址
RG-S2 (config-if) #exit
```

5. 配置RG-S2上的“vty”密码

```
RG-S2(config)#line vty 0 4                  //进入vty 0～4的line线路
RG-S2(config-line)#login                    //启用line线路口令保护
RG-S2(config-line)#password 222abc          //配置用于登录验证的密码222abc
```

6. 配置RG-S2上的“enable”密码

```
RG-S2(config)#enable password ruijie        //配置进入特权模式的密码为ruijie
```

经验分享

Telnet远程登录，可以只使用"密码"进行登录验证，也可以使用"用户名和密码"的方式进行登录验证。使用"用户名和密码"的方式配置如下（用户名是"admin"，登录密码是"123abc"）：

1. 配置管理地址Vlan1的IP地址（略）
2. 配置用户名和密码

```
ruijie(config)#username admin password 123abc    //配置用于登录验证的用户名和密码
ruijie(config)#line vty 0 4                       //进入vty 0～4的line模式
ruijie(config-line)#login local                   //配置本地认证
```

3. 设置"enable密码"

```
ruijie(config)#enable password ruijie             //配置进入特权模式的密码为ruijie
```

7. 验证配置结果

1）显示配置信息

```
Ruijie(config)#show run
Building configuration...
Current configuration : 1144 bytes
!
version RGOS 10.2(5), Release(67430)(Fri Oct 23 17:54:38 CST 2009 -ngcf49)
!
vlan 1
!
no service password-encryption
!
enable password 333abc        //enable 密码
!
!
!
!
interface FastEthernet 0/1
!
interface FastEthernet 0/2
!
…

interface FastEthernet 0/24
!
interface GigabitEthernet 0/25
!
interface GigabitEthernet 0/26
!
interface VLAN 1
 ip address 192.168.0.1 255.255.255.0
 no shutdown
!
!
line con 0
line vty 0 4
 login
 password ruijie          //vty 密码
```

```
!
!
end
Ruijie(config)#
```

2）将一台计算机连接在交换机的任意端口，配置IP地址为192.168.0.3，然后在运行中输入cmd，在命令行提示符下输入telnet 192.168.0.1进行远程登录交换机RG-S3测试。登录后的系统如下：

```
User Access Verification
Password:                    //输入远程登录的vty密码
RG-S3>en                     //输入正确后进入交换机用户模式
Password:                    //输入enable密码
RG-S3#                       //输入正确后进入交换机特权模式
```

3）在命令行提示符下输入telnet 192.168.0.2进行远程登录交换机RG-S2测试。登录后的系统如下：

```
User Access Verification
Password:                    //输入远程登录的vty密码
RG-S2>en                     //输入正确后进入交换机用户模式
Password:                    //输入enable密码
RG-S2#                       //输入正确后进入交换机特权模式
```

温馨提示

1）如果没有配置Telnet的登录密码，则在登录时将引起交换机报错信息为“password required,but none set”。
2）如果交换机的特权模式的密码没有配置，则交换机将报错信息为“% no password set”。

任务验收

通过本任务的学习会搭建交换机远程登录的配置环境，能正确配置命令，实现从计算机上Telnet登录交换机。任务6验收单见表2-10。

表2-10　任务6验收单

评价内容	评价项目	评价结果
交换机Telnet远程登录管理配置与调试	1．是否能正确配置交换机的管理IP地址	是　否
	2．是否能正确配置远程登录vty密码	是　否
	3．是否能正确配置特权模式enable的密码	是　否
	4．是否能正确使用Telnet方式远程登录交换机	是　否

任务拓展

请上机实施，使用“用户名和密码”方式从一台交换机Telnet登录到另一台交换机，并写出具体的操作步骤和配置命令。从交换机S1远程Telnet登录到交换机S2的操作步骤和配置命令。

表2-11　从交换机S1远程Telnet登录到交换机S2的操作步骤和配置命令

项　目	具 体 内 容
从交换机S1远程Telnet登录到交换机S2的连接拓扑	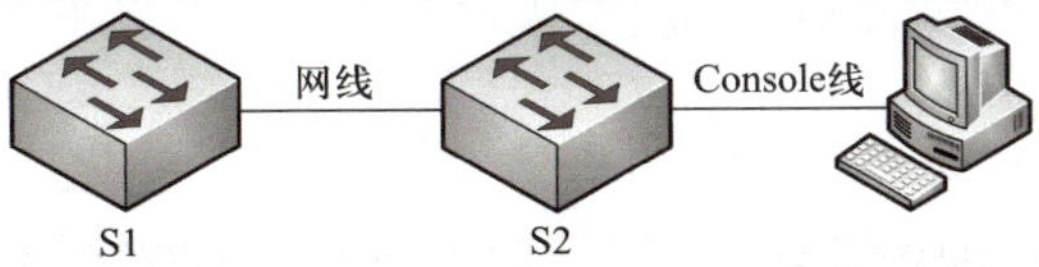
实施步骤	
交换机S2上的配置命令	

任务7　交换机端口防环路配置与调试

任务描述

计算机网络末端环路问题一直影响着用户的使用，时断时续的网络流量让访问变得不稳定，网络工程师Sunny使用交换机端口防环路技术帮助用户解决此问题。

任务分析

使用RLDP实现交换机端口防止环路，工作流程如图2-30所示。

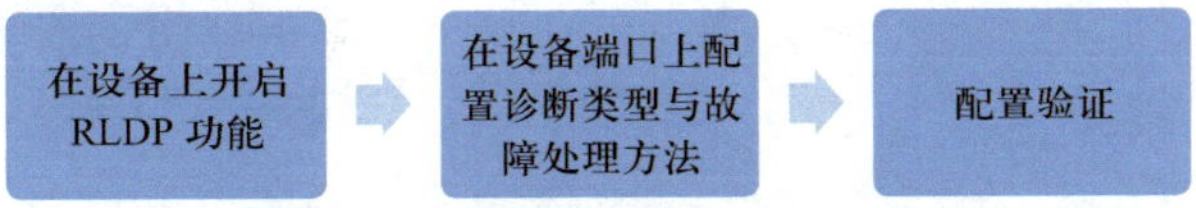

图2-30　配置交换机RLDP工作流程

知识链接

RLDP（Rapid Link Detection Protocol，快速链路检测协议）是锐捷网络自主开发的一个用于快速检测以太网链路故障的链路协议。它能够快速地检测以太网设备链路故障，包括单向链路故障、双向链路故障、环路链路故障。

任务实施

1. 在交换机RG-S2上启动RLDP

```
Ruijie(config)#rldp enable                    //在全局模式开启RLDP功能
```

2. 配置端口的诊断类型与故障处理方法

```
RG-S2 (config)# interface range fastenthernet 0/3-24 //进入端口0/3-24
RG-S2 (config-if)# rldp port loop-detect shutdown-port
                        //启动这些端口的环路检测功能，当出现环路时关闭端口
```

知识链接

配置端口RLDP时，需要同时指定该端口的诊断类型以及故障处理方法。配置诊断类型与故障处理方法命令格式如下：

rldp port {unidirection-detect | bidirection-detect | loop-detect }{warning | shutdown-svi |shutdown-port | block}

命令注释：

诊断类型有以下三种：	故障处理方法有以下四种：
unidirection-detect——单向链路故障	warning——警告处理
bidirection-detect——双向链路故障	block——关闭端口的学习转发
loop-detect——环路链路故障	shutdown-port——shutdown 端口
	shutdown-SVI——shutdown 端口所在SVI

3. 恢复端口RLDP检测

```
RG-S2(config-if)# end                 //直接返回特权模式
RG-S2# reset rldp                     //恢复端口 RLDP 检测
```

经验分享

配置了shutdown-port 故障处理的端口在出现故障后将无法主动恢复 RLDP 检测，如果用户确认故障已经解决了，则可以使用恢复命令重新启动被 shutdown 端口的 RLDP。该命令也会将其他检测出错误的端口重新恢复。

4. 查看RLDP配置信息

根据需要可以查看所有端口的RLDP状态，也可以只查看指定端口的RLDP状态。

将一台交换机与另一台交换机级联在下级交换机上产生广播风暴，在上层交换机中检测看是否出现了环路问题。

```
Ruijie#show rldp                          //显示RLDP的端口检测信息
rldp state : enable                       //RLDP开启
rldp hello interval : 2
rldp max hello : 3
rldp local bridge : 00d0.f8a6.0134
---------------------------------------------------
interface GigabitEthernet 0/1
port state:normal
neighbor bridge : 00d0.f800.41b0
neighbor port : GigabitEthernet 0/2
unidirection detect information:
```

```
action : shutdown svi
state : normal
interface GigabitEthernet 0/24
port state:error
neighbor bridge : 0000.0000.0000
neighbor port :
bidirection detect information :
action: shutdown-port                    //出现环路故障将关闭端口的学习转发
state : normal                           //端口工作正常
```

任务验收

开启端口防环路功能RLDP将有助于接入层交换机工作更加稳定。通过完成本任务能够具备配置交换机RLDP功能的技能。任务7验收单见表2-12。

表2-12　任务7验收单

评价内容	评价项目	评价结果
交换机端口防环路配置与调试	1．配置端口RLDP时，是否能区分端口的诊断类型以及故障处理方法	是　否
	2．是否能正确配置RLDP功能	是　否
	3．是否能正确查看RLDP信息	是　否

任务8　工作验收与资料存档

任务描述

在完成网络设备安装、配置与调试工作后，工程实施人员Sunny需对网络功能进行测试，并对交换机软件质量进行检查。

任务分析

对网络功能进行测试的内容包括Vlan划分测试、Telnet远程登录测试及交换机端口防环路测试，还需要对交换机软件质量进行检查，检查项包括版本与设备基本配置、用户与系统权限、交换技术检查。

任务实施

1．项目网络功能测试

（1）Vlan划分测试

计算机网络中应用虚拟局域网技术（即Vlan）来实现不同网络区域的隔离，从而提高网络的安全性。

将相同Vlan间的计算机用ping命令进行网络连通性测试。如果都能相互ping通，则说明设备配置正确，网络工作正常。该项目中各端口测试结果见表2-13。

表2-13 交换机各端口测试结果

交换机名称	对应端口	所属Vlan	测试结果
RG-S3	f0/3-f0/7	Vlan 10	互通
RG-S3	f0/8-f0/13	Vlan 20	互通
RG-S3	f0/14-f0/17	Vlan 50	互通
RG-S2	f0/3-f0/4		
RG-S2	f0/5-f0/12	Vlan 30	互通
RG-S2	f0/13-f0/24	Vlan 40	互通

（2）Telnet远程登录测试

首先将交换机的以太网接口与计算机的网卡接口相接，将计算机的IP地址配置同管理Vlan的IP地址在同一网段内，这样就可以在计算机上Telnet到交换机上了。其次打开“开始”菜单，在“运行”对话框中输入telnet 192.168.0.1。若显示输入远程登录的vty密码，且输入密码后能登录到交换机，显示命令行提示符，则表示“Telnet”访问成功。

（3）交换机端口防环路测试

使用以下命令进行交换机端口防环路测试，若显示信息正确（具体显示信息参考本单元任务7），则检测通过。

```
Ruijie#show rldp
Ruijie#show rldp interface fastenthernet 0/3
```

2. 软件质量检查

在完成项目网络功能测试后，根据测试结果填写工程实施软件配置检查表，见表2-14。

表2-14 工程实施软件配置检查表

分类	序号	检查内容（具体信息查看软件质量规范文档）	检查结果	备注
版本与设备基本配置	1	软件版本：要求是正式版本、维护版本或者申请的受控版本。在实施前阅读版本相关的预警通告、releasenotes以及使用范围。设备上软件版本统一命名为rgos.bin		
	2	系统命名： 1．客户有自己的命名规则，按照客户的规则设置主机名 2．如果没有，按规范命名		
	3	保存配置文件：每次实施完成后，在设备上要保存配置文件		
	4	操作记录与备份：配置操作全过程进行记录，配置文件有备份并在客户处有保存		

（续）

分　类	序号	检查内容（具体信息查看软件质量规范文档）	检查结果	备注
用户与系统权限	5	用户权限：不同用户划分不同权限，密码使用密文格式保存，telnet/enable密码要求不同		
	6	telnet：密码要求8位以上，严禁使用通用字符		
交换相关	7	接口：互联接口配置成相同介质类型，接口命令安全规范配置，所有未使用端口shutdown，建议把上联设备的端口尽量从后面的端口号开始，前面的端口号作为下联链路与终端互联		
	8	Vlan：Vlan命名按规范，用户Vlan严禁使用Vlan1		
	9	RLDP：RLDP环路检测时，惩罚方式必须配置为shutdown-port。RLDP与STP一起启用时，RLDP惩罚方式为shutdown-port，其他按照规范配置		

3. 资料收集存档

实施工程师将自己负责的网络测试报告、软件质量检测报告等填写完成后交给项目负责资料收集的人员。该资料收集人员将所有涉及项目的报告和过程性文档收集完整后交公司存档。

任务验收

通过完成本任务，学会了对单层多间办公室规模项目进行验收。任务8验收单见表2-15。

表2-15　任务8验收单

评价内容	评价项目	评价结果
工作验收与资料存档	1．是否能正确完成项目文档资料移交	是　否
	2．是否能正确对工程实施硬件安装质量进行检查	是　否
	3．是否能正确对工程软件配置质量进行检查	是　否
	4．是否能正确记录、填写项目遗留问题清单	是　否
	5．是否能与客户进行良好的沟通	是　否
	6．是否能正确填写项目验收报告	是　否

单元总结

1. 单元学习重点

通过本单元的学习，能对单层（办公）环境网络设备进行正确安装、配线、连接、调试和测试验证。重点学习二层及三层交换机设备的基本配置、Vlan划分、Telnet远程登录、端口防环路等内容，能根据客户需求对项目进行网络设备互联规划和Vlan规划，依据方案进行网络设备连接、设备配置调试。

2. 单元内容梳理

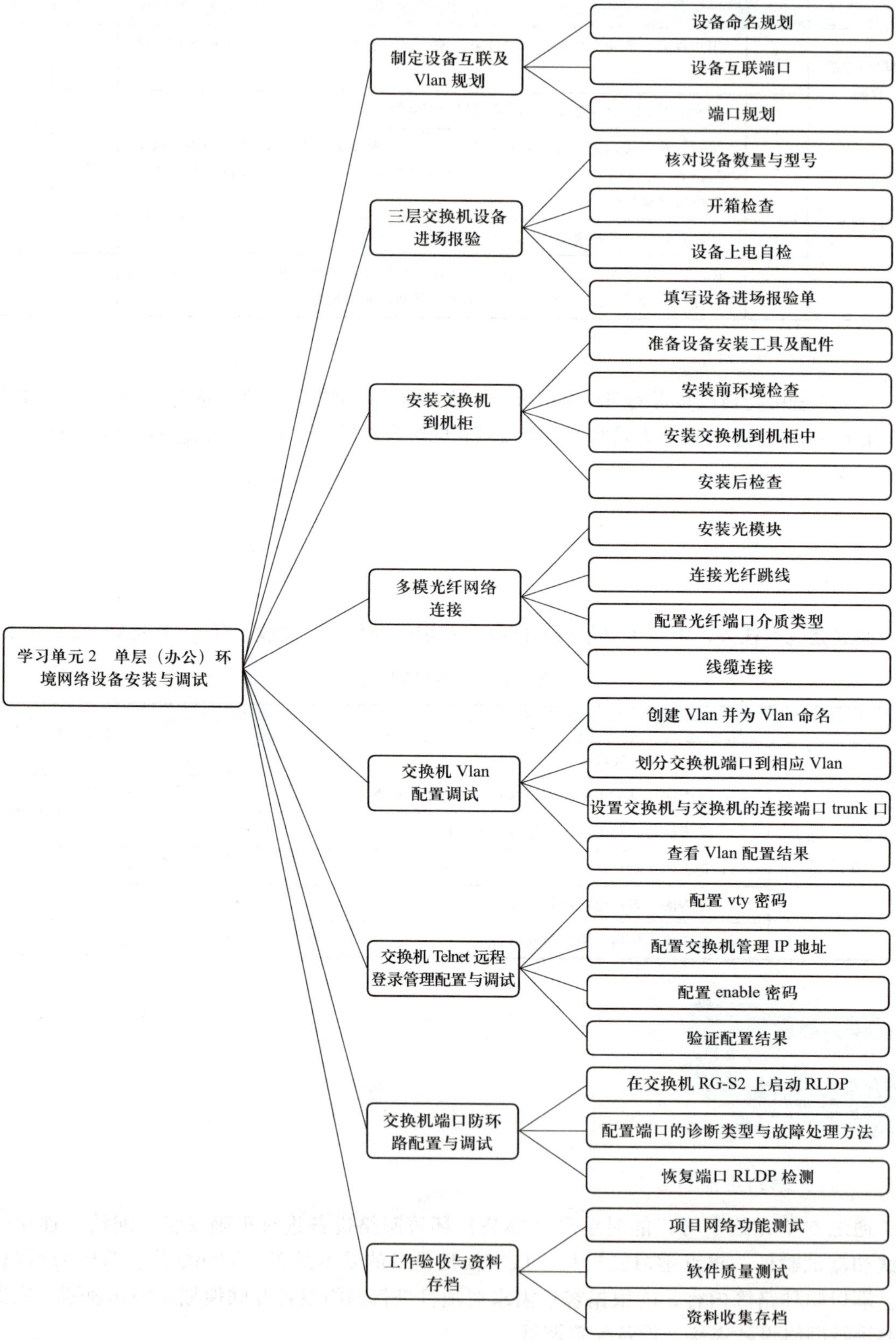
学习单元2　单层（办公）环境网络设备安装与调试
制定设备互联及Vlan规划
设备命名规划
设备互联端口
端口规划
三层交换机设备进场报验
核对设备数量与型号
开箱检查
设备上电自检
填写设备进场报验单
安装交换机到机柜
准备设备安装工具及配件
安装前环境检查
安装交换机到机柜中
安装后检查
多模光纤网络连接
安装光模块
连接光纤跳线
配置光纤端口介质类型
线缆连接
交换机Vlan配置调试
创建Vlan并为Vlan命名
划分交换机端口到相应Vlan
设置交换机与交换机的连接端口trunk口
查看Vlan配置结果
交换机Telnet远程登录管理配置与调试
配置vty密码
配置交换机管理IP地址
配置enable密码
验证配置结果
交换机端口防环路配置与调试
在交换机RG-S2上启动RLDP
配置端口的诊断类型与故障处理方法
恢复端口RLDP检测
工作验收与资料存档
项目网络功能测试
软件质量测试
资料收集存档

单元训练

某公司租用一层写字楼的三间大开间进行办公。公司职能部门分为行政部（包括经理、人事、财务）、销售部（负责产品市场销售）、技术部（负责产品售后服务）、研发部（负责新产品开发和推广）、客服部（包括前台、电话回访、客户投诉和产品追踪）、外联部（负责公司法律咨询和对外联系）和国际部（负责海外销售）7个部门，前期网络布线工作已经完成，现在需要实现公司办公环境网络化。现仅需按职能对公司内部局域网进行Vlan划分，请根据网络系统拓扑图（见图2-31）和端口及Vlan规划表（见表2-16）完成该任务（注：为了便于对交换机进行管理，请为每台交换机配置Telnet功能）。

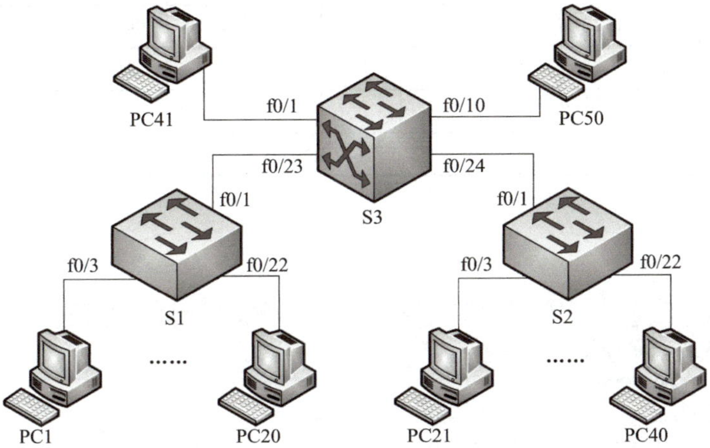

图2-31　某公司网络系统拓扑图

表2-16　端口及Vlan规划

Vlan ID			Vlan10					Vlan 20				
S1	f0/1	f0/2	f0/3	f0/4	f0/5	f0/6	f0/7	f0/8	f0/9	f0/10	f0/11	f0/12
配线架1	1	2	3	4	5	6	7	8	9	10	11	12
点位号	上行		PC1	PC2	PC3	PC4	PC5	PC6	PC7	PC8	PC9	PC10
房间	办公室1-1											
Vlan ID	Vlan 30							Vlan 40				
S1	f0/13	f0/14	f0/15	f0/16	f0/17	f0/18	f0/19	f0/20	f0/21	f0/22	f0/23	f0/24
配线架1	13	14	15	16	17	18	19	20	21	22	23	24
点位号	PC11	PC12	PC13	PC14	PC15	PC16	PC17	PC18	PC19	PC20		
房间	办公室1-1											
Vlan ID	Vlan 40											
S2	f0/1	f0/2	f0/3	f0/4	f0/5	f0/6	f0/7	f0/8	f0/9	f0/10	F0/11	f0/12
配线架2	1	2	3	4	5	6	7	8	9	10	11	12
点位号	上行		PC21	PC22	PC23	PC24	PC25	PC26	PC27	PC28	PC29	PC30

（续）

房间	办公室1-2											
Vlan ID	Vlan 50							Vlan 60				
S2	f0/13	f0/14	f0/15	f0/16	f0/17	f0/18	f0/19	f0/20	f0/21	f0/22	f0/23	f0/24
配线架2	13	14	15	16	17	18	19	20	21	22	23	24
点位号	PC31	PC32	PC33	PC34	PC35	PC36	PC37	PC38	PC39	PC40		
房间	办公室1-2											
Vlan ID	Vlan 60					Vlan 70						
S3	f0/1	f0/2	f0/3	f0/4	f0/5	f0/6	f0/7	f0/8	f0/9	f0/10	F0/11	f0/12
配线架3	1	2	3	4	5	6	7	8	9	10	11	12
点位号	PC41	PC42	PC43	PC44	PC45	PC46	PC47	PC48	PC49	PC50		
房间	办公室1-3											
Vlan ID												
S3	f0/13	f0/14	f0/15	f0/16	f0/17	f0/18	f0/19	f0/20	f0/21	f0/22	f0/23	f0/24
配线架3	13	14	15	16	17	18	19	20	21	22	23	24
点位号											下行	下行
房间	办公室1-3											

配置参考命令：

1. 交换机S1上的配置

```
Ruijie>enable
Ruijie#configure terminal
Ruijie(config)#hostname  S1
S1 (config)# vlan 10
S1 (config-vlan)# exit
S1 (config-vlan)# vlan 20
S1 (config-vlan)# exit
S1 (config)# vlan 30
S1 (config-vlan)# exit
S1 (config)# vlan 40
S1 (config-vlan)# exit
S1(config)# interface range FastEthernet 0/3-7
S1(config-range-if)# switchport access vlan 10
S1(config-range-if)# exit
S1(config)# interface range FastEthernet 0/8-12
S1(config-range-if)# switchport access vlan 20
S1(config-range-if)# exit
S1(config)# interface range FastEthernet 0/13-19
S1(config-range-if)# switchport access vlan 30
S1(config-range-if)# exit
S1(config)# interface range FastEthernet 0/20-22
S1(config-range-if)# switchport access vlan 40
S1(config-range-if)# exit
S1(config)# interface  FastEthernet 0/1
S1(config-if)# switchport mode trunk
S1(config-if)# exit
```

```
S1(config)#interface  vlan 1
S1(config-if)#ip address 192.168.0.1 255.255.255.0
S1(config-if)  #exit
S1(config)#line vty 0 4
S1(config-line)#login
S1(config-line)#password 111abc
S1(config)#enable password ruijie
```

2. 交换机S2上的配置

```
Ruijie>enable
Ruijie#configure terminal
Ruijie(config)#hostname  S2
S2 (config)# vlan 40
S2 (config-vlan)# exit
S2 (config-vlan)# vlan 50
S2 (config-vlan)# exit
S2 (config)# vlan 60
S2 (config-vlan)# exit
S2(config)# interface range FastEthernet 0/3-12
S2(config-range-if)# switchport access vlan 40
S2(config-range-if)# exit
S2(config)# interface range FastEthernet 0/13-19
S2(config-range-if)# switchport access vlan 50
S2(config-range-if)# exit
S2(config)# interface range FastEthernet 0/20-22
S2(config-range-if)# switchport access vlan 60
S2(config-range-if)# exit
S2(config)# interface  FastEthernet 0/1
S2(config-if)# switchport mode trunk
S2(config-if)# exit
S2(config)#interface  vlan 1
S2(config-if)#ip address 192.168.0.2 255.255.255.0
S2(config-if)  #exit
S2(config)#line vty 0 4
S2(config-line)#login
S2(config-line)#password 222abc
S2(config)#enable password ruijie
```

3. 交换机S3上的配置

```
Ruijie>enable
Ruijie#configure terminal
Ruijie(config)#hostname  S3
S3 (config)# vlan 60
S3 (config-vlan)# exit
S3 (config-vlan)# vlan 70
S3 (config-vlan)# exit
S3(config)# interface range FastEthernet 0/1-5
S3(config-range-if)# switchport access vlan 60
S3(config-range-if)# exit
S3(config)# interface range FastEthernet 0/6-10
S3(config-range-if)# switchport access vlan 70
```

```
S3(config-range-if)# exit
S3(config)# interface  FastEthernet 0/23
S3(config-if)# switchport mode trunk
S3(config-if)# exit
S3(config)# interface  FastEthernet 0/24
S3(config-if)# switchport mode trunk
S3(config-if)# exit
S3(config)#interface  vlan 1
S3(config-if)#ip address 192.168.0.3 255.255.255.0
S3(config-if)  #exit
S3(config)#line vty 0 4
S3(config-line)#login
S3(config-line)#password 333abc
S3(config)#enable password ruijie
```


单元检测

一、选择题

1．为设备命名可以参考（　　）因素。

A．设备型号　　B．设备编号

C．设备位置　　D．以上都对

2．Vlan可以将一个（　　）网络划分出不同的（　　）网络。

A．物理，物理　　B．物理，逻辑

C．逻辑，物理　　D．逻辑，逻辑

3．进入交换机f0/5-10端口的命令是（　　）

A．interface f0/5-10　　B．interface f0/5，10

C．interface range f0/5-10　　D．interface range f0/5，10

4．交换机使用（　　）命令将端口设置为trunk模式。

A．switchport access trunk　　B．switchport mode trunk

C．switchport trunk on　　D．port trunk

5．交换机和主机连接端口模式是（　　）。

A．access　　B．trunk　　C．interface　　D．tag

6．一般交换机端口不能直接配置IP地址，可使用（　　）方式配置交换机IP地址。

A．vlan　　B．trunk　　C．SVI　　D．以上都不对

7． 在命令行提示符下输入（　　）命令，可以远程登录交换机进行管理。

A． enable　　B．ping　　C．telnet　　D．ipconfig

8．关于交换机默认Vlan的说法正确的是（　　）。

A．Vlan1是系统的默认Vlan　　B．默认Vlan不可以删除

C. 默认Vlan可以作为设备的管理Vlan　　D. 以上说法都正确

9. 配置光纤端口介质类型的命令是（　　）。

A. medium-type fiber　　B. medium-type copper

C. port-type fiber　　D. port-type copper

10. 配置端口RLDP时，故障处理的方式有四种，其中shutdown-port表示（　　）。

A. 警告处理　　B. 关闭端口的学习转发功能

C. 关闭端口　　D. 关闭端口所在SVI

二、简答题

1. 简述Vlan的含义及作用。

2. 简述光纤模块的作用。常见的光纤模块有哪两种?

3. 简述配置交换机远程Telnet登录的步骤及使用的命令。

学习单元 3

单栋楼宇环境网络设备安装与调试

DANDONG LOUYU HUANJING WANGLUO SHEBEI ANZHUANG YU TIAOSHI

单元概要

1）本单元以某公司一栋办公楼组建网络项目为载体来进行学习。在学习和完成任务的过程中，认识路由器设备；学会安装多台设备到机柜；会按照拓扑图对多台网络设备进行配线互连；能正确配置路由，实现不同网络间的互通；会根据需求配置网络安全策略来控制非授权用户访问特定网络资源，实现对网络的安全控制和管理，逐步具备对单栋楼宇环境进行网络规划及网络设备安装与调试的技能。

2）在整栋楼宇环境的网络中应用的网络设备主要有交换机和路由器。接入层交换机主要面向用户和访问网络，一般使用二层交换机；汇聚层交换机负责本栋楼宇的数据流量交换，以减少核心层的工作负担，使用具有路由功能的三层交换设备；路由器是工作在网络层上连接不同类型网络及选择数据传送路径的网络设备。本单元学习主要针对路由器和局域网三层交换机。

单元目标

◆ 知识目标

1）能理解交换机与路由器的区别。

2）掌握路由器的基本配置命令。

3）理解路由的含义，能判断设备上的直连路由。

4）理解静态路由的作用，能正确配置静态路由命令。

5）掌握动态RIP路由协议的配置方法。

6）掌握标准访问控制列表的配置方法。

7）掌握交换机、路由器上配置标准访问控制列表的步骤。

8）了解光纤种类和接口类别，掌握光纤接入互联网的方法。

◆ 能力目标

1）具备IP地址规划的能力。

2）具备交换机vlan间路由配置的能力。

3）具备安装路由器、三层交换机到机柜的能力。

4）能根据网络需求配置基本ACL，实现对网络的安全控制和管理。

5）会对设备安装与配置情况进行检查和测试。

6）能逐项测试网络功能，可以判断每项功能配置是否正确。

7）会借助各种帮助信息快速配置命令、排查配置错误信息。

8）具备收集整理资料和一定的文档书写能力。

9）能根据项目合理安排施工进度，具备统筹协调能力。

◆ 情感态度价值观

1）能与同事进行良好的沟通，具有一定的统筹协调能力。

2）工作讲究效率，具有时间观念。

3）工作敬业，善于总结，具有创新精神。

单元描述

某集团分公司有一栋三层办公楼，最近公司对该办公楼进行了重新装修，对网络布线进行了升级改造，现需要对这栋楼的网络进行重新规划，实现办公楼各部门及各楼层网络互联互通，且能通过安全策略来保障特定网络资源的安全访问，防止不经授权用户获得访问权限，从而达到对网络访问进行控制的目的。Sunny作为该项目的现场工程师，和团队一起承担了整栋办公楼网络设备的安装、配置和调试工作。

单元分析

由于该项目的工作难度和工作量较大，因此该项目由一个工作团体配合完成。该团队有协调工作的负责人（项目经理），还有具体的实施人员（现场工程师）。项目经理制定施工方案，召集人员进行分工和明确责任；现场工程师熟悉项目要求，依据施工方案和工作标准进行设备安装调试工作。工作完成后经检查验收，最终交用户使用。

根据客户需求，网络系统设计人员对该项目的设计思路如下：

1）为了便于对网络进行管理，防止用户IP地址冲突，要设计和使用合理的IP地址编制方案。

2）各楼层网络终端由接入层交换机连接，并根据部门职能划分vlan。

3）所有接入层交换机最后连接到汇聚交换机，所有vlan通过该交换机实现vlan间路由互通。

4）汇聚交换机连接出口路由，出口路由通过光纤接入互联网。

5）为了防止来自内部网络的攻击和破坏行为，对入网终端进行端口安全配置。

6）为了数据安全，对公司内部服务器做访问权限控制。

7）为了方便管理各楼层交换机，对交换机配置SSH远程登录管理功能。

其中的楼宇走线简图如图3-1所示，单栋楼宇网络系统拓扑图如图3-2所示，单栋楼宇项目工作流程如图3-3所示。

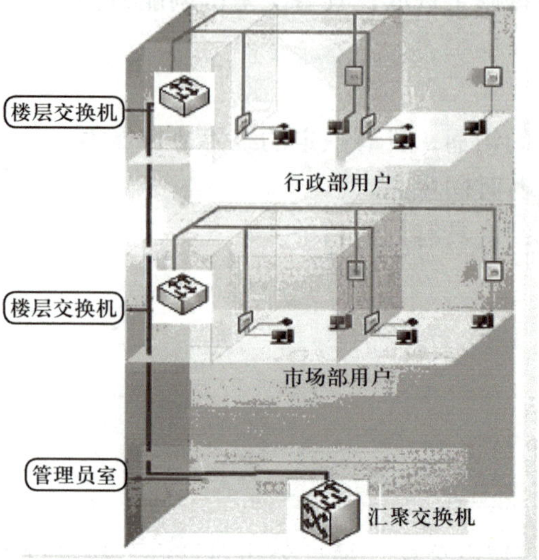

图3-1　楼宇走线简图

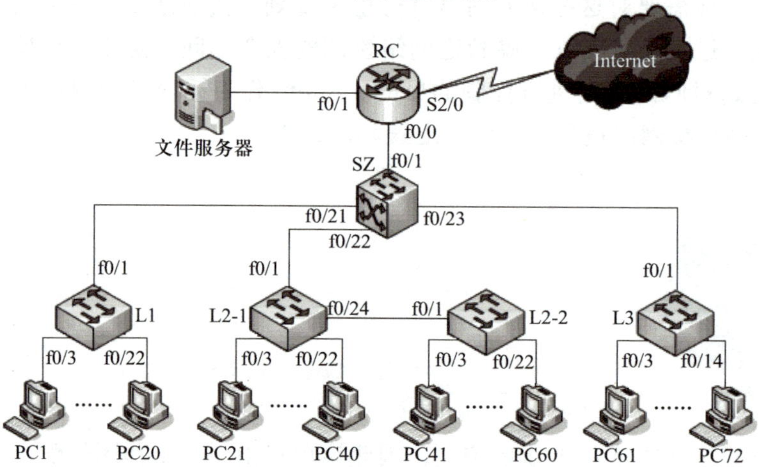

图3-2　单栋楼宇网络系统拓扑图

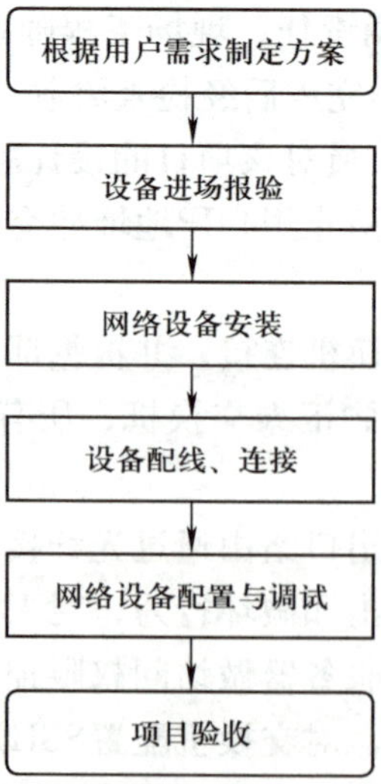

图3-3　单栋楼宇项目工作流程

任务1 制定IP地址规划

任务描述

IP地址规划是网络建设中一个重要的组成部分。一个合理的IP地址规划方案，不仅可以减少网络运行中地址的冲突，而且可以减轻网管人员管理、维护网络的工作量。因此，在制定安装调试方案时，一定要对网络地址进行规划，制定出项目的IP地址规划方案，方便网络设备配置和网络使用后的日常维护管理。各楼层点位分布情况见表3-1。

表3-1 各楼层点位分布情况表

各楼层房间分布情况				
楼层	房间号（部门/功能）			
L1	L101（售后服务部）	L102（售后服务部）	L103（后勤保卫部）	L104（网管机房）
L2	L201（市场部）	L202（市场部）	L203（技术部）	L204（技术部）
L3	L301（经理室）	L302（行政部）	L303（会议室）	L304（档案室）
各房间点位分布情况				
房间号	L101	L102	L103	L104
点位号	PC1～PC10	PC11～PC15	PC16～PC18	PC19～PC20
房间号	L201	L202	L203	L204
点位号	PC21～PC30	PC31～PC40	PC41～PC50	PC51～PC60
房间号	L301	L302	L303	L304
点位号	PC61～PC62	PC63～PC65	PC66～PC70	PC71～PC72

任务分析

在制定IP地址规划时，要与网络拓扑层次结构相适应，既要有效地利用地址空间，又要体现出网络的可扩展性、灵活性和层次性，同时能满足路由协议的要求，以便于网络中的路由聚类，提高路由算法的效率，加快路由变化的收敛速度，还要考虑到网络地址的可管理性。应根据办公楼各部门具体的网络需求进行Vlan划分，对用户IP、设备管理IP等进行统一规划。

温馨提示

IP地址规划的基本原则

1. 可识记性

IP地址分配简单易记，连续的地址尽量集中在一个相同功能的区域内，便于迅速确定网络故障点。

2. 可扩充性

考虑到今后网络升级改造需求，每一个区域的IP地址要留有余量，便于终端故障或数量增加时，仍然能有冗余。

3. 可管理性

IP地址分配要有层次，对不同功能类型的IP划分不同网段，不能因某个IP地址变化影响整个网络运行。

经验分享

公司网络IP地址从功能上的分类如下。

用户IP：分配给每个最终用户PC或服务器使用。

设备管理IP：供网管员远程管理网络设备使用。

设备互联IP：用于三层设备之间互联使用。

NAT地址池IP：配置于NAT设备上以解决地址资源匮乏问题。

任务实施

1. 制定用户IP地址规划

IP地址的规划与划分应该考虑到网络系统未来发展的需要，既要满足本期工程对IP地址的需求，又要充分考虑未来发展，预留相应的地址段。具体设计如图3-4所示。

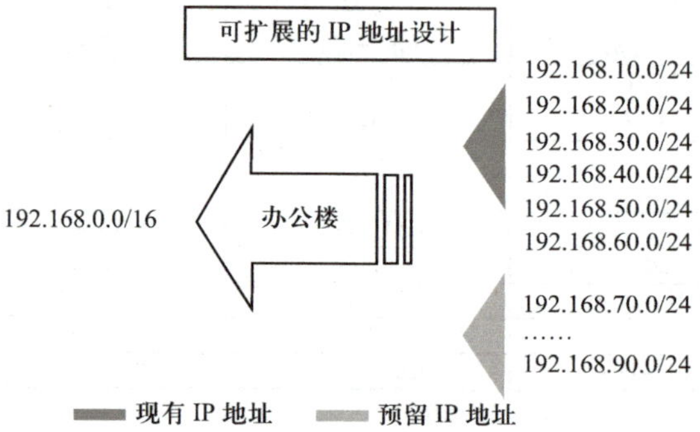

图3-4　可扩展的IP地址设计表

经验分享

RFC1918 所定义的私有IP地址空间由以下三个段组成：10.0.0.0～10.255.255.255、172.16.0.0～172.31.255.255和192.168.0.0～192.168.255.255。

上网用户少、设备数量少的小型企业网建议采用地址空间小的192.168.0.0/16。

上网人数多、设备数量多的中大型企业网建议采用地址空间大的10.0.0.0/8。

本项目网络用户较少，因此IP采用192.168.0.0/16。

2. 制定设备管理IP地址规划

为方便后期的维护工作，设备的管理IP地址规划要与实际网络有一定的对应关系，如图3-5所示。

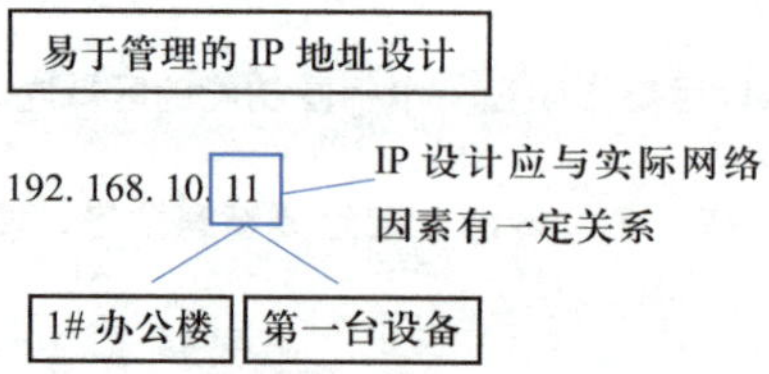

图3-5　易管理IP地址对应关系规划

3. 设备互联IP地址规划

设备互联IP一般采用区域最后一个IP网段或网络最后一个IP网段，如该项目的设备互联地址采用192.168.100.0/24网段。管理IP地址规划如图3-6所示。

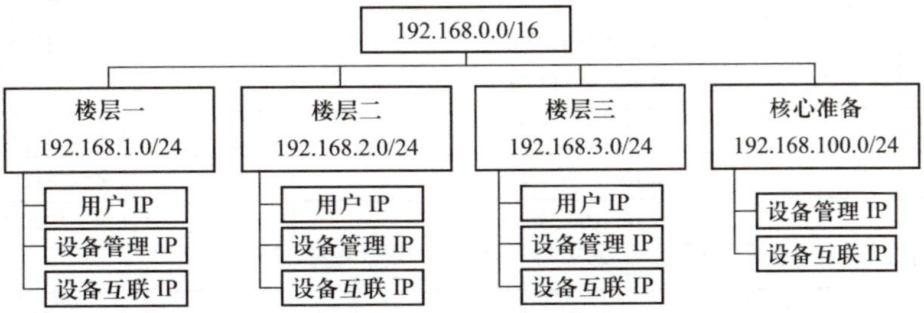

图3-6　管理IP地址规划

4. 制定出口区域互联IP地址规划

出口区域设备互联IP采用公司网络最后一个IP网段或已申请的公网IP。由于一般情况下出口设备互联仅需要点对点两个IP地址，因此可以进行子网划分（30位掩码），如图3-7所示。

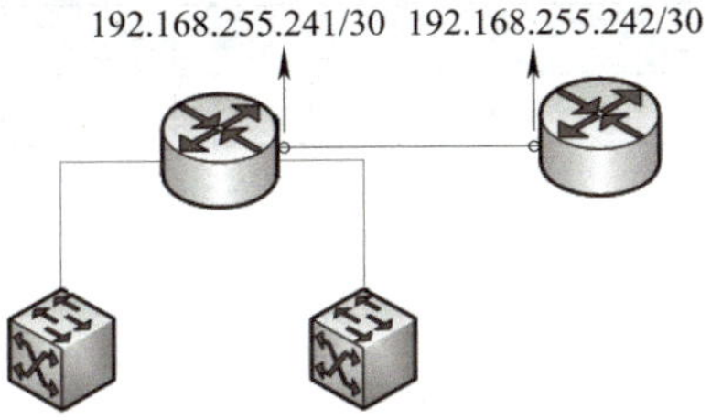

图3-7　出口区域互联IP地址

温馨提示

流控设备桥接在出口路由器和出口引擎之间，互联端口不考虑互联IP设计。

5. 项目IP地址规划

根据上述规划思路制定的项目IP地址及Vlan规划表见表3-2。

表3-2　IP地址及Vlan规划表

用户IP规划				
部　门	点　位　号	所属Vlan	IP规划	分 配 方 式
售后服务部	PC1～PC15	Vlan 10	192.168.10.0/24	静态分配
后勤保卫部	PC16～PC18	Vlan 20	192.168.20.0/24	静态分配
网管机房	PC19～PC20	Vlan 30	192.168.30.0/24	静态分配
市场部	PC21～PC40	Vlan 40	192.168.40.0/24	静态分配
技术部	PC41～PC60	Vlan 50	192.168.50.0/24	静态分配
经理室	PC61～PC62	Vlan 60	192.168.60.0/24	静态分配
行政部	PC63～PC65			
会议室	PC66～PC70			
档案室	PC71～PC72			

（续）

设备管理IP地址规划		
设 备 名 称	IP地址	所 在 位 置
RC	192.168.100.1/24	中心机房
SZ	192.168.100.2/24	中心机房
L1	192.168.100.11/24	楼宇一层设备间
L2-1	192.168.100.21/24	楼宇二层设备间
L2-2	192.168.100.22/24	楼宇二层设备间
L3	192.168.100.31/24	楼宇三层设备间

设备互联IP地址规划				
设 备 名 称	端 口 号	IP地址	端 口 号	IP地址
RC	f0/0	192.168.200.2/24	f0/1	192.168.201.1/24
	S2/0	192.168.255.241/30		
SZ	f0/1	192.168.200.1/24	f0/21	trunk
	f0/22	trunk	f0/23	trunk

出口区域互联IP地址规划				
设 备 名 称	出 口 接 口	出 口 地 址	下一跳地址	备 注
RC	S2/0	192.168.255.241/30	192.168.255.242/30	

任务验收

通过完成本任务，学会了楼宇的IP地址规划。通过具体的网络需求对用户IP、设备管理IP、出口区域互联IP、设备互联IP进行系统规划。请制定出本项目IP地址规划。任务1验收单见表3-3。

表3-3　任务1验收单

评 价 内 容	评 价 项 目	评 价 结 果
制定IP地址规划	1．是否能系统地制定详细的工作计划表	是　否
	2．是否能正确制定用户IP地址	是　否
	3．是否能正确制定设备管理IP地址	是　否
	4．是否能正确制定出口区域互联IP地址	是　否
	5．是否能正确制定设备互联IP地址	是　否

任务拓展

图3-8所示是某小学校园网络拓扑图，该校只有一栋四层建筑物。教室主要分布在一层、二层。行政办公室、图书馆和教师办公室主要分布在三层。四层是计算机房和核心设备机房。以楼层数为命名规则，为4台接入层交换机分别命名为S1、S2、S3、S4，核心交换机SZ位于四层核心设备机房。网络共有点位100个。原有网络IP地址规划不合理，经常会出现IP地址冲突问题，为了解决此问题，需要对网络进行IP地址规划，请制定出该网络详细的IP地址规划表。

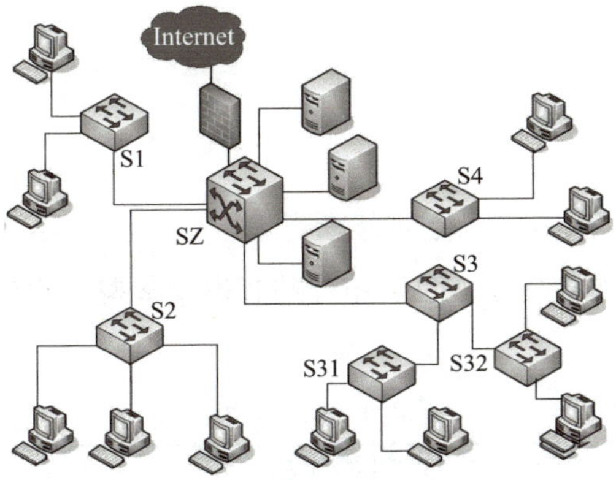

图3-8　某小学校园网络拓扑图

任务2　路由器设备进场报验

任务描述

根据项目实施计划，供货商按时送来了包括一台锐捷RG-RSR10-02E路由器在内的所有设备，工程师需要和供货商一起完成设备进场报验工作。

任务分析

在本任务中，需要对RG-RSR10-02E路由器进行现场报验，根据前面单元所学内容，请填写完成图3-9所示的工作流程。

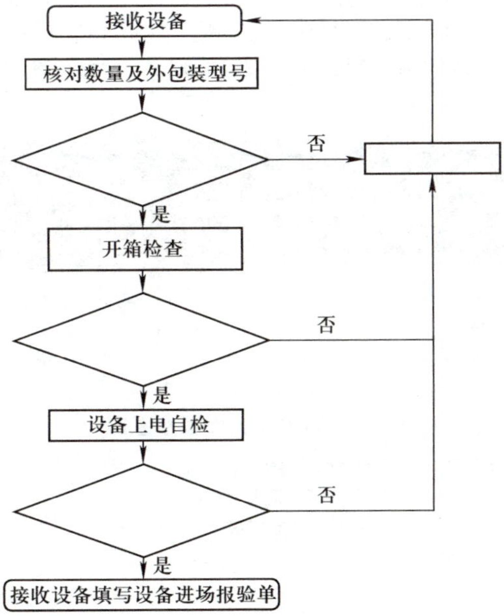

图3-9　工作流程

任务实施

1．依据设备清单（见表3-4），在现场核对设备数量与型号

核对设备数量，核对设备型号，包装箱外贴有带设备型号的标签，核对标签上的内容即可。

表3-4 设备清单

序 号	设备名称	设备型号/规格	数 量	供货厂商	备 注
1	锐捷路由器	RG-RSR10-02E	1	XX公司	
2	锐捷交换机	RG-S3760E	1	XX公司	
3	锐捷交换机	RG-S2328G	4	XX公司	

2．开箱检查设备是否完好，附件是否齐全

设备完好是指设备外观完整，无损坏、划痕、磕碰，无使用迹象。附件齐全是指装箱单上有的附件不缺少，如该设备所带附件有安装路由器用的挂耳、设备配置电缆线、接地线、设备配置光盘等。

3．设备上电自检

锐捷RG-RSR10-02E路由器上电后，观察SYSTEM指示灯，正常工作时该灯为绿色，且可以自动进入命令行界面（同交换机命令行界面）。

知识链接

RG-RSR10-02E路由器融合了路由、交换、语音、安全、传输、视频等多种网络应用，满足用户不同应用环境的个性化需求，同时提供了极其丰富的软件特性，支持VoIP、VPN、IPv6、MVRF、MPLS、组播等多种应用技术，适用于数据、视频、语音等多种接入服务的解决方案，适合于担当小型分支机构的接入路由器。它提供8个10/100Base-T自适应以太网端口，两个可用于连接光纤千兆以太网口，1个配置端口Console口。该路由器的前面板示意图如图3-10所示。

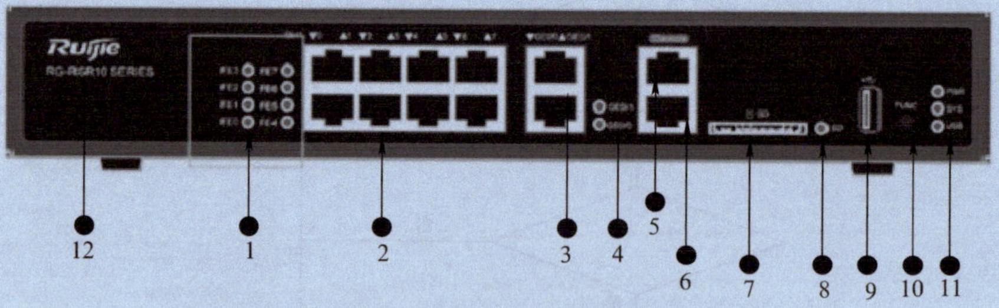

图3-10 路由器前面板示意图

1—FE 1/0～FE 1/7状态指示灯
2—FE 1/0～FE 1/7口
3—GE 0/0～GE 0/1口
4—GE 0/0～GE 0/1口状态指示灯
5—Console口
6—Aux口
7—SD卡插槽
8—SD卡状态指示灯
9—USB设备插槽
10—FUNC多功能按键
11—工作电源状态指示灯，系统工作状态指示灯，USB设备状态指示灯
12—锐捷RSR10系列Logo

该路由器后面板示意图如图3-11所示。

图3-11　路由器后面板示意图

1—SLOT 3
2—SLOT 2
3—电源开关
4—输入电源接口
5—机壳接地接口

温馨提示

如果能确认当前模块所在的插槽的编号，可以在路由器特权EXEC模式下执行show slots命令，在路由器版本信息中有每个模块所在插槽编号的信息。

4．填写设备进场报验单

设备核对检测无误后，网络工程实施人员填写公司提供的设备进场报验单，并交给监理工程师签字后存档。设备进场报验单参考学习单元1中的表1-5。

任务验收

通过完成本任务，学会了为路由器设备进行进场报验。通过核对设备清单、检查设备型号等内容后，填写设备进场报验单，经监理工程师签字后存档。任务2验收单见表3-5。

表3-5　任务2验收单

评价内容	评价项目	评价结果
路由器设备进场报验	1．是否能正确核对路由器的数量和型号	是　否
	2．是否能正确开箱检查设备	是　否
	3．是否能正确上电自检设备	是　否
	4．是否能正确填写设备进场报验单	是　否
	5．是否能与相关人员进行良好的沟通	是　否
	6．是否能恰当处理任务实施中遇到的问题	是　否

问题思考

1．路由器的工作原理是什么？

2．交换机和路由器相比，主要区别有哪些？

任务3　安装路由器到机柜

任务描述

在对设备进行进场报验后，需要将设备依次安装到设备间或中心机房的机柜中，其中路由器设备要安装到中心机房的机柜中，并完成连接模块线及配置线缆、上电及路由器配置。

任务分析

安装前需要做相关的准备工作，注意相关的安全事项，对工程环境进行现场勘察，遵守相关的安装要求，准备好相应的安装工具和设备；其次连接好模块线缆及配置线缆，检查安装；第三要上电检查设备是否能正常工作；最后对路由器进行配置，填写好工程实施硬件安装质量检查表。任务工作流程如图3-12所示。

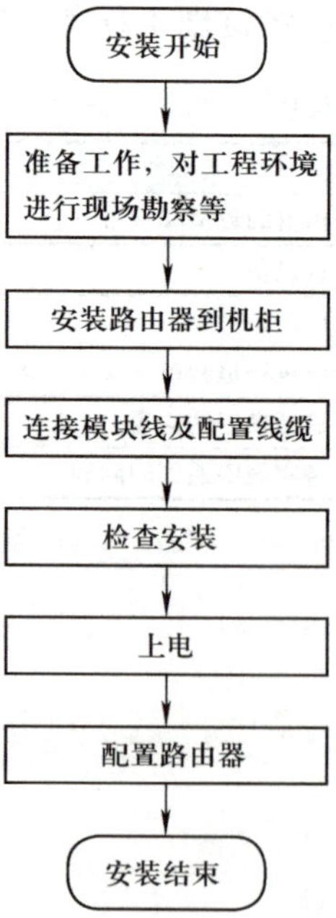

图3-12　任务工作流程

学习单元3

任务实施

1. 准备工作

路由器承担着网络连接的中转站的重要作用，其关系到整个网络是否能正常运作，在路由器的安装和使用中对环境也有相应的要求，见表3-6。

表3-6 路由器安装环境检查表

分类	序号	检查内容（具体信息查看软件质量规范文档）	检查结果	备注
设备安装环境	1	室内：温度15～30℃，湿度40%～65%RH，洁净度较高、抗干扰较强、能满足设备长期安全运行的需要 室外：具有附加的防雷、防雨装置，如避雷针、地网、接地排、防雨罩等		
	2	电源系统（直流、交流）保护地线正确可靠接地，机房宜采用联合接地方式，联合接地阻值≤1Ω		
	3	设备供电交流电源插座应采用有保护地线（PE）的单相三线电源插座，且保护地线（PE）可靠接地，保护地线（PE）与零线（N线）之间的电压		
	4	设备安装应远离（至少10m）产生强电磁干扰的设备（如大电流电器设备、变电站、电梯、起重设备、拖动电机、电焊机、大功率中央空调、压缩机、变频器、电器化铁路、避雷针等）		
	5	设备电器的供电线路应和干扰源设备供电线路分开		

安装前除了要注意相关的安全注意事项以及满足安装环境外，还需要准备好相关的安装工具、连接线缆和设备。安装工具有十字螺钉旋具、防静电手腕带。连接线缆包括电源线、配置线、以太网线、模块接口线缆。相关设备包括HUB或交换机、CSU/DSU或其他DCE设备、配置端、路由器模块、电源插座。

2. 安装路由器到机柜

安装路由器时先用附带的螺钉将路由器挂耳（见图3-13）安装到路由器两侧面（见图3-14），再用附带螺钉将挂耳固定到机柜前方孔条中（见图3-15）。

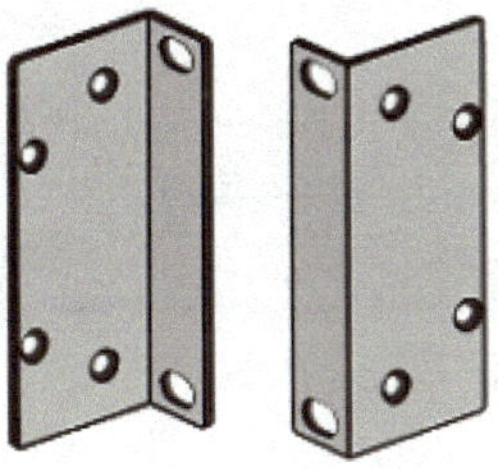

图3-13 路由器挂耳示意图

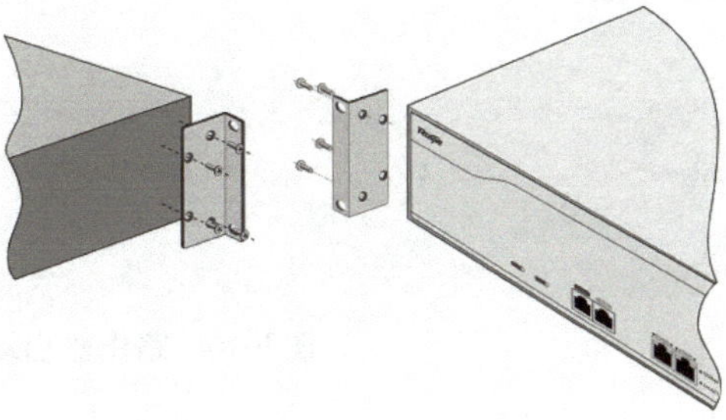

图3-14 路由器安装挂耳示意图

图3-15　路由器安装到机柜示意图

温馨提示

将多台设备安装到一个机柜时，要注意设备安装的顺序，一般从上到下依次安装路由器、核心交换、汇聚交换机、接入交换机，还要依据安装标准预留好设备与设备之间的散热空间。

3. 连接模块线及配置线缆

1）连接电源线及地线。

2）连接控制台。

3）安装线卡模块。

4. 检查安装

路由器安装完成后，在上电启动之前需要进行如下检查：

1）检查机柜与路由器的安装角铁是否牢固。

2）检查电源线所接电源与路由器要求电源是否一致。

3）检查路由器的地线是否连接正确。

4）检查路由器与配置终端等其他设备的连接关系是否正确。

5. 上电自检

路由器上电前检查电源线和地线连接是否正确。路由器上电时打开路由器供电电源开关，将路由器电源开关置于“ON”位置。路由器上电后要检查通风系统是否正常，路由器前面板上的指示灯显示是否正常，配置终端是否显示正常。路由器启动后进入如图3-16所示的命令界面。

```
Rui jie>
Rui jie>
Rui jie>
```

图3-16　路由器启动后的命令界面

6. 配置路由器

要使用路由器，还需要对路由器进行具体的配置（详细配置见后续章节）。

7. 填写工程实施硬件安装质量检查表（见表3-7）

表3-7　工程实施硬件安装质量检查表

分　类	序　号	检查内容	检查结果	备　注
设备安装环境	1	室内：温度15～30℃、湿度40%～65%Rh，洁净度较高、抗干扰较强，能满足设备长期安全运行的需要 室外：具有附加的防雷、防雨装置，如避雷针、地桩、地网、接地排、防雨罩等		
	2	电源系统（直流、交流）保护地线正确可靠接地，机房宜采用联合接地方式，联合接地阻值≤1Ω		
	3	设备供电交流电源插座应采用有保护地线（PE）的单相三线电源插座，且保护地线（PE）可靠接地，保护地线（PE）与零线（N线）之间的电压		
	4	设备安装应远离（至少10m）产生强电磁干扰的设备（如大电流电器设备、变电站、电梯、起重设备、拖动电机、电焊机、大功率中央空调、压缩机、变频器、电气化铁路、避雷针等）		
	5	设备安装的供电线路应和干扰源设备供电线路分开		
机柜设备安装	6	机柜（机箱）安装位置正确，固定可靠，垂直偏差度小于3mm，两个以上的机柜应做并柜处理，室外安装的设备应做防水处理		
	7	机柜表面及内部应干净，无杂物		
	8	设备安装在机柜中时，柜式设备采用安装支撑件		
	9	未使用的插头（如尾纤）应进行保护处理，防止损坏和污染		
	10	机柜表面应完整、无损失、螺钉紧固，机柜内接插件和设备接触可靠		
	11	机柜的保护接地（PGND）应和机房或建筑物的联合接地体良好连接，同时机柜内所有设备要就近和机柜内联合接地体连接，接地阻值≤1Ω		
电源接入	12	电源线和地线应采用整段铜芯材料，中间不能有接头，外皮无损伤，线径可满足设备配电要求，严禁随意选取过细电缆、铝芯电缆等导电不良电缆，不得私自改造电源线插头，如将标准的16A插头换为10A或15A的插头，电源线应该根据产品要求选择10A/16A以及对应的插座		
	13	设备应使用随设备配发的电源线和接地线，电源线和接地线连接正确可靠，接触良好，走线应平直，绑扎整齐，转弯处留适当余量，避免过短过长		
	14	对于多电源供电设备，每一个电源应单独接一路电		
	15	电源线、地线和信号线分开布放，不能靠得太近，更不能绑扎在一起，两者之间的距离尽量大于30cm		
信号电缆布放	16	信号电缆的布放应横平竖直，理顺、不交叉（出机柜1m内允许交叉），转弯处留适当余量，电缆绑扎正确、间距均匀整齐、松紧适度，户内与户外线缆应分开布线，两者间距大于30cm		
	17	信号电缆无破损、断裂、中间接头		
	18	在电缆需要弯曲时，需在电缆进行弯曲前进行绑扎，但线扣不能绑扎在弯曲的区域内，以免在电缆中产生较大的应力使电缆芯线断裂		
	19	扎带扎好后，应将多余部分齐根平滑剪齐，在接头处不得留有尖刺		
	20	信号电缆不能布放于散热网孔上，不能阻挡设备的散热通风通道		
	21	尾纤机柜外布放时，不应有其他电缆或物品挤压，并加装保护套管或槽道，机柜内尾纤应留有足够的余量避免拉伸弯曲过度		
	22	客户提供的配线设备可靠接地，信号线不应在楼宇间架空走线，户外电缆进入室内应采取外套铁管，相应端口加装信号防雷器、电缆屏蔽层可靠接地		
其他	23	设备标签应清晰、准确，尽量张贴在设备正面显眼处，不能张贴在单板、风扇等部件上		
	24	信号线、电源线标签位置整齐、朝向一致、粘贴可靠，标识正确、清晰，建议标签粘贴在距插头2cm左右处		

任务验收

通过完成本任务，学会了如何将路由器安装到机柜。通过安装前的准备工作，安装路由器到机柜、连接模块线及配置线缆等，填写工程实施硬件安装质量检查表，经监理工程师签字后存档。任务3验收单见表3-8。

表3-8　任务3验收单

评价内容	评价项目	评价结果
安装路由器到机柜	1．是否能正确核查安装环境是否符合要求	是　否
	2．是否能正确安装路由器到机柜	是　否
	3．是否能正确上电自检设备	是　否
	4．是否能正确填写工程实施硬件质量检查表	是　否
	5．是否能与相关人员进行良好的沟通	是　否
	6．是否能恰当处理任务实施中遇到的问题	是　否

问题思考

和安装一台设备到机柜相比，安装多台设备到机柜应注意什么？

任务4　单模光纤网络连接

任务描述

本任务要求办公楼通过光纤接入集团网络中心，实现内部互联互通和Internet访问。作为项目工程实施人员，接下来要完成通过光纤接入互联网的工作。

任务分析

光纤是在远距离传输和楼宇之间经常使用的网络传输介质，具有抗干扰能力强和传输速度快等特点。通过光纤接入互联网，首先要了解设备光纤接口类型，外部布线到办公楼的光纤类型；其次根据接口类型和光纤类型选择匹配的光纤模块和光纤跳线，然后进行安装和连接；最后使用光纤测试仪完成光信号的测试。具体工作流程如图3-17所示。

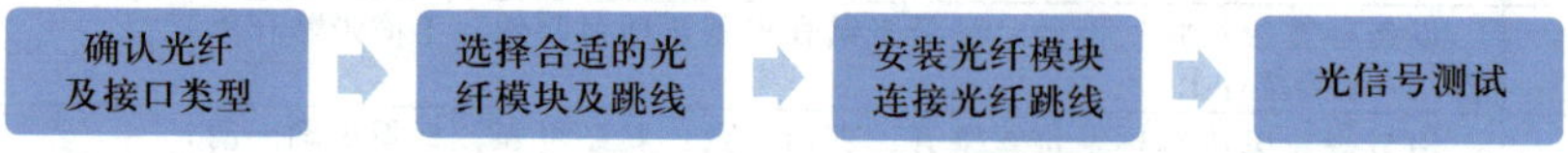

图3-17　光纤连接网络工作流程

任务实施

1．确认光纤类型

在实际操作中，首先要识别接入光纤的类别，可以根据布线业务档案进行了解，也可以使用光纤识别仪进行识别。光纤识别仪是一种光纤安装和维护的专用工具，用于无损的光纤识别工作，可在单模光纤的任何位置进行探测。

知识链接

单模与多模光纤

多模光纤的纤芯直径为50～62.5μm，单模光纤的纤芯直径为8.3μm，外包层直径都是125μm。多模光纤传输的距离比较近，一般只有几千米。单模光纤则适用于远程通信，目前使用的单模光纤使用1.31μm的长波长，因为从光纤的损耗特性来看，1.31μm处正好是光纤的一个低损耗窗口。1.31μm常规单模光纤的主要参数是由国际电信联盟ITU－T在G652建议中确定的，因此这种光纤又称G652光纤。

光纤损耗一般随波长加长而减小，在0.85μm的损耗为2.5dB/km，1.31μm的损耗为0.35dB/km，1.55μm的损耗为0.20dB/km（这是光纤的最低损耗），波长1.65μm以上的损耗趋向加大。

长波与短波

光纤的工作波长有短波长0.85μm、长波长1.31μm和1.55μm。

其他参数

按最佳传输频率窗口分，光纤分为常规型单模光纤和色散位移型单模光纤。

按折射率分布情况分，光纤分为阶跃型和渐变型光纤。

2. 选择合适的光纤模块

光纤模块按可插拔性分为热插拔和非热插拔两类，按封装形式可以分为SFP、GBIC、XFP等，按传输速率可以分为百兆、千兆、万兆等。

光纤接口类型如下：FC型，圆形带螺纹（配线架上用得最多）；ST型，卡接式圆形；SC型，卡接式方形（路由器交换机上用得最多）；LC型，小方头；MTRJ型，方形，一头双纤收发一体。

经验分享

光纤模块一般分为单模和多模两种。单模光模块（见图3-18）适用于长距离传输，拉环或者体外颜色为蓝色、黄色或者紫色；多模光模块（见图3-19）适用于短距离传输，拉环或者体外颜色为黑色。

单模光纤价格便宜，但单模设备却比多模设备昂贵很多。单模设备通常既可以在单模光纤上运行，也可以在多模光纤上运行，而多模设备只限于在多模光纤上运行。随着单模与多模SFP光模块的拉近，目前单模光缆与单模模块在使用上明显优于多模类型，已经成为组网应用中的主流。

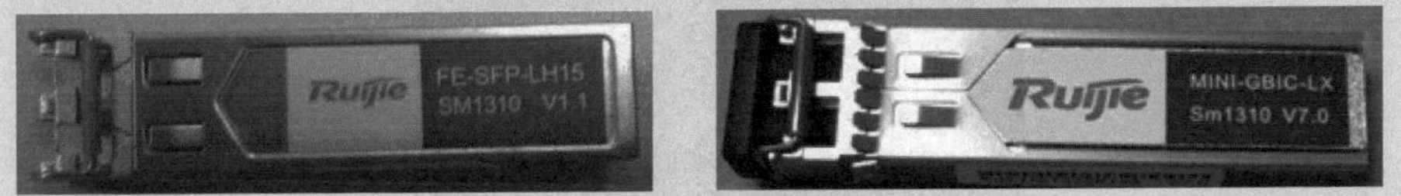

如图3-18　单模光模块

如图3-19　多模光模块

3. 选择合适的光纤跳线

光纤跳线与光纤接口类型一致，才能进行连接。常见的跳线有以下几种类型。

1）FC-FC：常用于法兰箱对接，接口是螺丝口的，如图3-20所示。

法兰箱就是光纤接续箱LIU，主要是进行光纤对接，可作为多模光纤与网络设备或光纤接续装置上的连接，配线架和光纤接续箱通常设在弱电井或设备间内，用来连接其他子系统，并对它们通过跳线进行管理。

2）ST-ST：常用于法兰箱对接，接口是卡口的，如图3-21所示。

3）SC-SC：常用于设备对接，GBIC模块常用这种跳线，如图3-22所示。

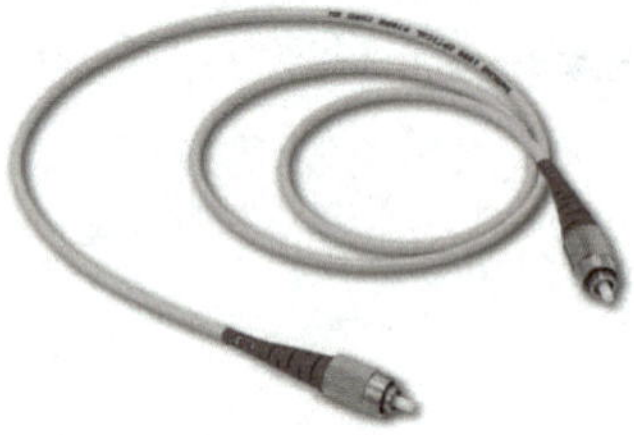

图3-20　FC-FC跳线

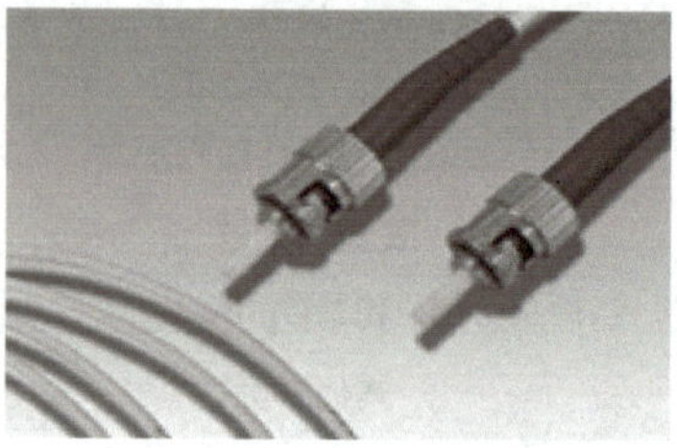

图3-21　ST-ST跳线

图3-22　SC-SC跳线

4）LC-LC：常用于设备对接，SFP模块常用这种跳线，如图3-23所示。

5）MTRJ-MTRJ：常用于设备对接，现在基本上已经不用了，如图3-24所示。

图3-23　LC-LC跳线

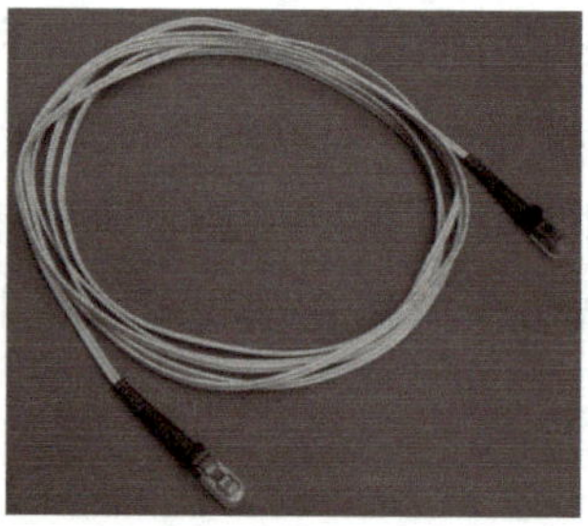

图3-24　MTRJ-MTRJ跳线

目前设备用得最多是LC接口光纤跳线。

4. 进行光纤接口的连接

以LC口多模跳线为例，将光纤模块安装到两台设备的自带千兆端口，使用跳线连接两个模块接口，如图3-25所示。

图3-25　光线端口互连

温馨提示

在适配器的顶部是两个端口，分别标有TX和RX的字样，代表发送和接收，将对应的光纤跳线的两个接头分别接入两个端口即可。

综上所述，设备之间的光端口进行光纤连接时通常需要按照图3-26所示的方式进行。

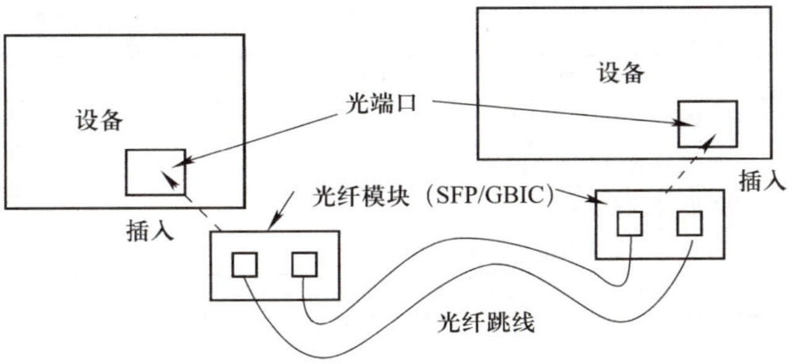

图3-26　光纤连接方式

5. 使用光纤测试仪完成光信号的测试

使用控制线接入设备，使用show running-config命令和show interface命令查看接口当前状态。通过光纤接入公司的骨干网，公司骨干网出口接入到互联网。

知识链接

光纤接入方式及其优缺点

光纤接入是指局端与用户之间完全以光纤作为传输媒体。光纤接入可以分为有源光接入和无源光接入。光纤用户网的主要技术是光波传输技术。目前光纤传输的复用技术发展相当快，多数已处于实用化。复用技术用得最多的有时分复用（TDM）、波分复用（WDM）、频分复用（FDM）、码分复用（CDM）等。

光纤通信不同于有线电通信，后者是利用金属媒体传输信号，光纤通信则是利用透明的光纤传输光波。虽然光和电都是电磁波，但频率范围相差很大。一般通信电缆最高使用频率约为9～24MHz，光纤工作频率在10～10Hz之间。

接入方式有光纤直接接入、光纤+以太网接入、光纤+HOMPEPNA、光纤+VDSL、光纤+五类缆接入。

光纤是目前宽带网络中多种传输媒介中最理想的一种，已经广泛地应用于各个领域。光纤接入将是未来接入技术的发展方向。

光纤接入的优点如下：

1）传输容量大，传输质量好，损耗小，寿命长，中继距离长。

2）光纤制作成本低，原料易得。

3）用户信息隔离度好，技术比较成熟。

4）不受电磁波干扰，抗干扰性强。

5）传输速率高，能达到Gbit/s的级别。

6）发展潜力巨大。

光纤接入的缺点如下：

1）整体网络建设成本较高。

2）光纤自身易断裂，光纤焊接成本较高，光纤光缆的弯曲半径不能过小。

3）光缆不共享电缆，需要重新铺设。

4）分路、耦合不灵活。

5）有供电困难问题。

6）交换机和用户网卡之间距离不能超过100m，否则信号衰减很厉害，只得加中继放大设备。

任务验收

通过完成本任务，认识了各种光纤模块、光纤接口和光纤跳线，以及它们在设备光纤连接中的使用，掌握了在实际应用中需要根据设备的端口类型选择合适的光纤模块种类，并根据设备的距离选择适合的型号以及光纤跳线或线缆。任务4验收单见表3-9。

表3-9　任务4验收单

评价内容	评价项目	评价结果
通过光纤接入互联网	1．是否能识别光纤种类、认识光纤模块	是　否
	2．是否能正确识别光纤接口	是　否
	3．是否能正确识别光纤跳线	是　否
	4．是否能通过光纤接入互联网	是　否
	5．是否能与相关人员进行良好的沟通	是　否
	6．是否能恰当处理任务实施中遇到的问题	是　否

问题思考

1．单模光纤与多模光纤的区别是什么？

2．光纤接口类型可以分为哪几个类型？各有什么特点？本任务中使用的是哪种类型？

3．光纤跳线按传输媒介一般可以分为哪两类？在实际应用中如何区分？本任务中使用的是哪一类？

任务5　楼宇接入层交换机配置与调试

任务描述

根据项目规划设计，各楼层网络终端由接入层交换机连接，并根据部门职能划分Vlan。

任务分析

交换机上划分Vlan已经在学习单元2中讲过，请根据所学知识将图3-27所示的交换机划分Vlan工作流程填写完整。

图3-27　Vlan划分配置与调试工作流程

任务实施

1）根据交换机L1上的端口及Vlan表（见表3-10），创建Vlan并为Vlan命名。

表3-10　端口及Vlan表

端口及Vlan规划表												
所属Vlan			Vlan10									
L1	f0/1	f0/2	f0/3	f0/4	f0/5	f0/6	f0/7	F0/8	f0/9	f0/10	F0/11	f0/12
点位号	上行		PC1	PC2	PC3	PC4	PC5	PC6	PC7	PC8	PC9	PC10
房间			L101								L102	
所属Vlan	Vlan10					Vlan20			Vlan30			
L1	f0/13	f0/14	f0/15	f0/16	f0/17	f0/18	f0/19	f0/20	f0/21	f0/22	f0/23	f0/24
点位号	PC11	PC12	PC13	PC14	PC15	PC16	PC17	PC18	PC19	PC20		
房间	L102					L103			L104			

在交换机L1上的配置如下：

```
Ruijie>enable                          //用户模式进入特权模式
Ruijie#configure terminal              //特权模式进入全局模式
Ruijie(config)#hostname  L1            //交换机命名为L1
L1 (config)# vlan 10                   //创建vlan id 为10的vlan并进入vlan模式
L1 (config-vlan)# exit                 //退出vlan模式
L1 (config)# vlan 20                   //创建vlan id 为20的vlan并进入vlan模式
L1 (config-vlan)# exit                 //退出vlan模式
L1 (config)# vlan 30                   //创建vlan id 为30的vlan并进入vlan模式
L1 (config-vlan)# exit                 //退出vlan模式
```

2）划分交换机端口到相应Vlan。

```
L1(config)# interface range FastEthernet 0/3-17
                                       //进入交换机f0/3-17端口
L1(config-range-if)# switchport access vlan 10
                                       //将f0/3-17端口划分到vlan10
L1(config-if)# exit                    //退出该端口模式
L1(config)# interface range FastEthernet 0/18-20
                                       //进入交换机f0/18-20端口
```

```
L1(config-range-if)# switchport access vlan 20
                                                    //将f0/18-20端口划分到vlan20
L1(config-if)# exit
L1(config)# interface range FastEthernet 0/21-22
                                                    //进入交换机f0/21-22端口
L1(config-range-if)# switchport access vlan 30
                                                    //将f0/21-22端口划分到vlan30
```

3）根据各楼层点位分布情况表（见表3-1）制定出其他接入层交换机上的端口及Vlan规表，并根据端口及Vlan规表配置其他接入层交换机上的Vlan。

4）查看Vlan配置结果，交换机L1上的Vlan配置显示如下：

```
L1(config-if-range)#show  vlan
    VLAN     Name         Status        ports
    ----------------------------------------------------------------------------
    1        default      active         Fa0/1 ，Fa0/2
                                         Fa0/1 ，Fa0/3 ，Fa0/4
                                         Fa0/5 ，Fa0/6 ，Fa0/7
                                         Fa0/8 ，Fa0/9 ，Fa0/10
    10                    active         Fa0/11，Fa0/12，Fa0/13
                                         Fa0/14，Fa0/15，Fa0/16
                                         Fa0/17
                                         Fa0/1 ，Fa0/18，Fa0/19
    20                    active         Fa0/20
    30                    active         Fa0/1 ，Fa0/21，Fa0/22
```

5）验证测试。

将交换机中的以太网络端口分配到相应的Vlan后，要进行连通测试，测试依据为相同的Vlan中的计算机能够实现互通，而不同的Vlan中的计算机不能实现互通。

知识链接

接入层

接入层的目的是允许终端用户连接到网络，因此接入层交换机具有低成本和高端口密度特性。接入交换机是最常见的交换机，它直接与外网联系，使用最广泛，尤其是在一般办公室、小型机房和业务受理较为集中的业务部门、多媒体制作中心、网站管理中心等部门。在传输速度上，现代接入交换机大都提供多个具有10Mbit/s/100Mbit/s/1000Mbit/s自适应能力的端口。

汇聚层

汇聚层交换机是多台接入层交换机的汇聚点，它必须能够处理来自接入层设备的所有通信量，并提供到核心层的上行链路，因此汇聚层交换机与接入层交换机比较，需要更高的性能、更少的接口和更高的交换速率。

核心层

将网络主干部分称为核心层。核心层的主要目的在于通过高速转发通信，提供优化、可靠的骨干传输结构，因此核心层交换机应拥有更高的可靠性和吞吐量。

通常，将网络中直接面向用户连接或访问网络的部分称为接入层，将位于接入层和核心层之间的部分称为分布层或汇聚层。接入交换机一般用于直接连接计算机，汇聚交换机一般用于楼宇间。汇聚相当于一个局部或重要的中转站，核心相当于一个出口或汇总。原来定义的汇聚层的目的是为了减少核心的负担，将本地数据交换机流量在本地的汇聚交换机上交换，减少核心层的工作负担，使核心层只处理到本地区域外的数据交换。

任务验收

通过完成本任务，学习了接入层交换机的相关概念，接入层交换机的配置方法，以及如何配置与调试楼宇接入层交换机。任务5验收单见表3-11。

表3-11　任务5验收单

评价内容	评价项目	评价结果
楼宇接入层交换机的配置与调试	1. 是否能理解接入层交换机的概念	是　否
	2. 是否能理解二层交换机的工作原理	是　否
	3. 是否能对Vlan进行划分	是　否
	4. 是否能为楼宇接入层交换机进行配置与调试	是　否
	5. 是否能与相关人员进行良好的沟通	是　否
	6. 是否能恰当处理任务实施中遇到的问题	是　否

任务6　不同Vlan三层互访配置与调试

任务描述

根据项目规划设计，所有接入层交换机最后连接到汇聚交换机，所有Vlan通过该交换机实现Vlan间路由互通。接入层交换机与汇聚交换机的连接拓扑图如图3-28所示。

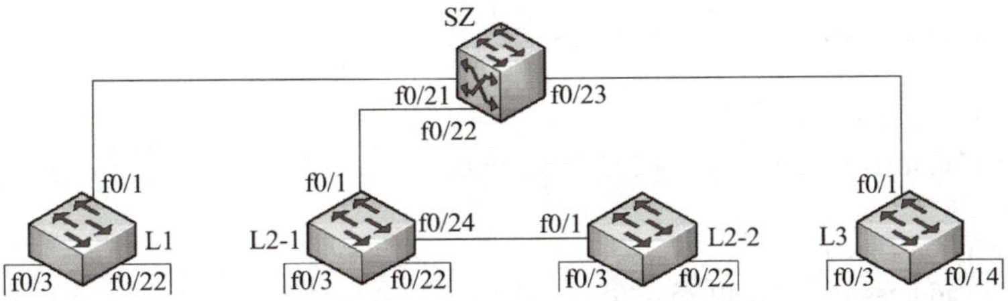

图3-28　接入层交换机与汇聚交换机的连接拓扑图

任务分析

Vlan隔离了Vlan之间的数据流量，分属于不同Vlan的用户不能互相通信。将Vlan和IP子网对应，使用三层转发技术，通过路由将报文从一个Vlan转发到另外一个Vlan。不同Vlan三层互访可以通过三层交换的SVI方式实现。

知识链接

三层交换又称为路由交换、多层交换。三层交换具有路由功能，能够识别网络层的信息，将IP地址信息用于网络路径选择，并能够在不同网段之间实现数据的线速交换。

SVI（Switch Virtual Interface）交换机虚拟接口即通常所说的Vlan接口，也把这种接口称为逻辑三层接口。它可以用于实现网络系统中路由和桥接功能，实现Vlan间路由，可以做下层设备的网关接口。

SVI方式实现不同Vlan三层互访，首先要在三层交换机上创建每个Vlan的SVI接口；其次是要为每个SVI配置IP地址，实现交换机内部的直连路由功能；最后三层交换机和二层交换机通过trunk链路相连，实现了Vlan间路由。

知识链接

路由一般指路由器从一个接口上收到数据包，根据路由表（包含到达目的地路径的路由信息集合）转发到另一个接口的过程。

路由器接口所连接子网的路由称为直连路由。直连路由不需要路由器通过某种算法进行计算获得，只要接口处于活动状态（Active），路由器就会把通向该网段的路由信息填写到路由表中，但直连路由无法使路由器获取与其不直接相连的路由信息。

在交换机上直连路由经常用在一个三层交换机连接几个不同Vlan时，通过设置Vlan接口地址，获得直连路由信息直接通信，而不需要设置其他路由方式。

任务实施

1）在三层交换机上使用“interface vlan vlan-id”命令分别创建每个Vlan的SVI接口，再使用“ip address ip-address mask”命令为每个SVI配置IP地址，作为对应Vlan内主机的网关。交换机SZ的配置如下：

```
SZ(config)# interface vlan 10
SZ(config-if)# ip address 192.168.10.254 255 255.255.0
SZ(config-if)#exit
SZ(config)# interface vlan 20
SZ(config-if)# ip address 192.168.20.254 255 255.255.0
SZ(config-if)#exit
SZ(config)# interface vlan 30
SZ(config-if)# ip address 192.168.30.254 255 255.255.0
SZ(config-if)#exit
```

2）三层交换机和二层交换机通过trunk链路相连，将连接端口配置为trunk模式。

```
SZ(config)# interface  FastEthernet 0/21
SZ(config-if)# switchport mode trunk
SZ(config-if)# exit
SZ(config)# interface  FastEthernet 0/22
SZ(config-if)# switchport mode trunk
SZ(config-if)# exit
SZ(config)# interface  FastEthernet 0/23
SZ(config-if)# switchport mode trunk
```

二层交换机端口trunk模式配置同上（略）。

3）验证配置，进行调试。

配置完成后，可以使用不在同一Vlan上的主机互ping。Ping通表明不同Vlan的成员实现了互访，不通则需查看配置、查找错误。

温馨提示

注意：在测试验证时，不同Vlan的主机一定要配置网关地址，它们的网关地址即是所属Vlan的SVI接口地址。

任务验收

通过完成本任务，了解SVI的相关知识，掌握了不同Vlan三层互访方法，学会了不同Vlan三层互访配置与调试。任务6验收单见表3-12。

表3-12　任务6验收单

评价内容	评价项目	评价结果
不同Vlan三层互访配置与调试	1. 是否能理解SVI的含义	是　否
	2. 是否能掌握不同Vlan三层互访方法	是　否
	3. 是否能创建Vlan虚拟接口并配置IP地址	是　否
	4. 是否能对不同Vlan三层互访进行配置	是　否
	5. 是否能验证配置，进行调试	是　否
	6. 是否能恰当处理任务实施中遇到的问题	是　否

任务拓展

请按照图3-29所示的拓扑图连接网络，为交换机正确配置命令，实现网络中3台主机PC1、PC2和PC3之间能互相通信。

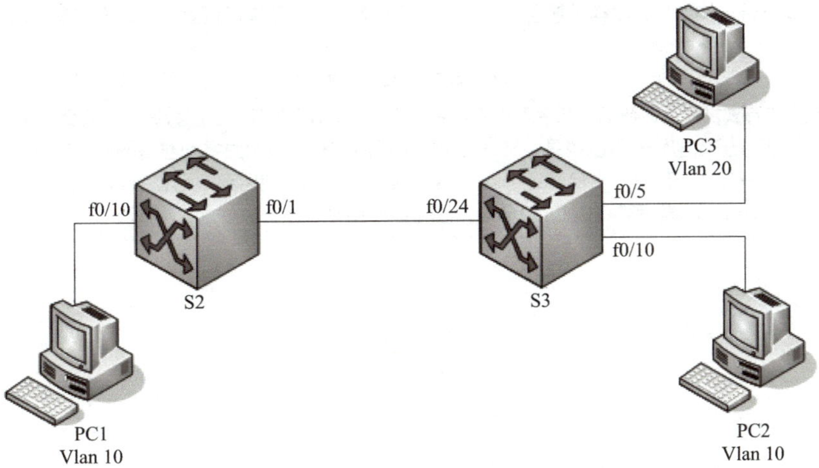

图3-29　网络拓扑图

问题思考

思考Vlan的工作原理，谈谈trunk在Vlan中的作用。

任务7 交换机SSH远程登录管理配置与调试

任务描述

为了方便管理楼宇各楼层交换机，网络管理员要求对交换机配置SSH远程登录管理功能，使得管理员可以在办公室通过计算机远程登录管理交换机。假设你是负责网络设备配置人员Sunny，请完成交换机SSH远程登录功能的管理配置与调试。

任务分析

对交换机配置SSH远程登录功能，应根据前面制定的IP地址规划表，配置设备的管理IP地址，开启SSH服务，设置用户名与密码，生成公钥与私钥等。

知识链接

SSH

SSH（Secure Shell）是创建在应用层和传输层基础上的安全协议，使用端口22，其功能类似于远程登录。与Telnet不同的是，SSH传输中所有信息都是加密的，所以如果需要在一个不能保证安全的环境中配置网络设备，建议使用SSH。

Telnet与SSH的区别

1）Telnet以纯文本方式发送所有数据（包括用户输入的密码），SSH会加密发送的数据，所以比Telnet更安全。
2）使用Telnet只要求输入密码就可以登录，SSH必须要求用户同时提供用户名和密码的身份验证。
3）Login命令表示只输入密码进行身份验证，login local表示要求同时使用用户名和密码进行验证。
4）Transport input telnet ssh表示既可以使用Telnet，也可以使用SSH。

任务实施

1. 开启SSH服务

```
Ruijie(config)# enable service ssh-server
```

2. 启用SSH version 2

```
Ruijie(config)# ip ssh version 2
```

3. 设置用户名与密码

```
Ruijie(config)# username xxx  password xxx
```

4. 进入远程登录虚拟端口，同时打开5个虚拟端口

```
Ruijie(config)# line vty 0 4
```

5. 启用需输入本地用户名、密码才能登录

```
Ruijie(config)#login local
```

6. 只允许SSH方式远程登录交换机

```
Ruijie(config)#transport input ssh
```

7. 配置交换机生成一对匹配的公钥和私钥

```
Ruijie(config)#crypto key generate rsa
```

8. 查看创建的公钥

```
Ruijie(config)#show crypto key mypubkey rsa
```

每一个客户端都需要这个密钥副本。可以通过预先将该密钥添加到SSH客户端中，或者SSH客户端首次连接到交换机时由交换机将该公钥发送给该客户端。

9. 验证配置，进行调试

客户端想连接远程服务器只需输入#SSH 域名（或IP）就可以，从而实现对交换机的远程登录。

任务验收

通过完成本任务，学会了如何对交换机设置SSH远程登录以及客户端如何通过SSH远程登录管理交换机。任务7验收单见表3-13。

表3-13 任务7验收单

评价内容	评价项目	评价结果
交换机SSH远程登录管理配置与调试	1. 是否能理解SSH的功能	是　否
	2. 是否能认识到Telnet与SSH的区别	是　否
	3. 是否能对交换机SSH设置远程登录进行配置	是　否
	4. 是否能对交换机SSH远程登录进行调试	是　否
	5. 是否能恰当处理任务实施中遇到的问题	是　否

问题思考

1. 交换机配置SSH与配置Telnet有什么异同?

2．对交换机配置SSH远程登录功能，哪些是必须的配置项目？

任务8　交换机端口安全配置与调试

任务描述

公司网络管理员要求对网络进行严格控制，为了防止用户的IP地址冲突，防止网络攻击和破坏行为，确保公司内部局域网络安全，提高网络的使用效率，需制定一组安全规则，对交换机端口进行安全配置，让网络中的主机以合法的身份接入网络，并得到有效的防护。

任务分析

交换机端口安全功能是指针对交换机的端口进行安全属性的配置，从而控制用户的安全接入。我们需打开端口安全功能，配置端口的最大连接数，进行MAC和IP地址绑定，以及配置违例处理方式等。

知识链接

接入层端口安全技术一般为制定一组安全规则，让网络中的主机以合法的身份接入网络，并得到有效的防护。端口安全保护示意图如图3-30所示。

采用措施：1．配置ACL　2．端口保护　3．全局地址绑定　4．端口安全　5．使用802.1x协议

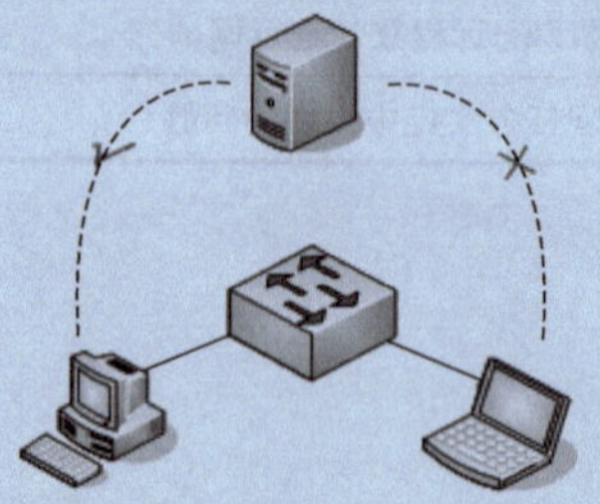

图3-30　端口安全保护示意图

任务实施

1. 接入层端口安全技术——保护端口配置

保护端口配置：

```
Ruijie(config)#int range fa 0/1-24
Ruijie(config-if-range)#switchport protected
```

级联情况下的配置：

保护端口可以跨交换机使用，连接外界的交换机中，级联其他交换机的端口应配置为保护口，如图3-31所示。

图3-31　接入层交换机级联端口

知识链接

接入层端口安全技术之保护端口：禁止交换机端口之间的通信（二层），如图3-32所示。

保护端口角色分为：保护口和非保护口。

保护端口规则：保护口之间禁止通信，保护口允许与非保护口通信。

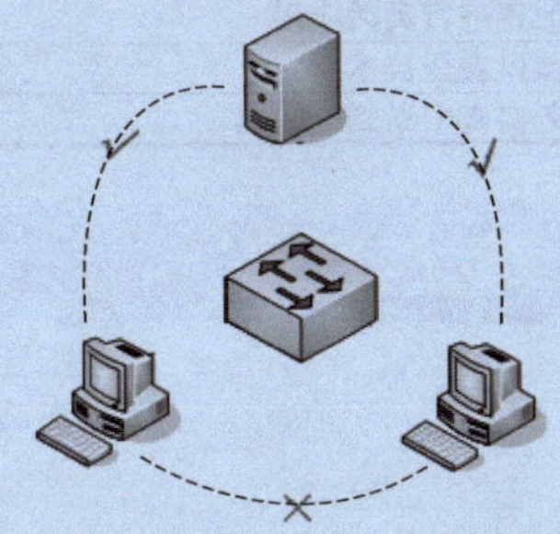

图3-32　禁止交换机端口之间的通信

2. 接入层端口安全技术——端口安全配置

打开端口安全功能

```
Ruijie(config-FastEthernet 0/1)#switchport port-security
```

配置最大连接数

```
Ruijie(config-FastEthernet 0/1)#switchport port-security maximum 3
```

配置MAC地址绑定

```
Ruijie(config-FastEthernet 0/1)#sw po mac-address 001a.a900.0001
Ruijie(config-FastEthernet 0/1)#sw po mac 001a.a900.0001 vlan 10
```

配置IP地址绑定

```
Ruijie(config-FastEthernet 0/1)#sw po binding 192.168.10.1
```

配置IP+MAC绑定

```
Ruijie(config-FastEthernet 0/1)#sw po bi 001a.a900.0001 vlan 10 192.168.10.1
```

配置违例处理方式

```
Ruijie(config-FastEthernet 0/1)# sw  po violation{protect |  restrict | shutdown}
```

知识链接

接入层端口安全技术之端口安全：基于端口制定接入规则，但通过端口数据信息不符合接入规则时，交换机会执行违规动作。

接入规则如下。

1）端口MAC最大个数。

2）端口+MAC。

3）端口+MAC+Vlan。

4）端口+IP。

5）端口+IP+MAC+Vlan。

违规动作如下。

1）保护（Protecct）：丢弃未允许流量，但不会创建日志消息。

2）限制（Restrict）：丢弃未允许流量，创建日志消息并发送SNMP Trap通知。

3）关闭（Shutdown）：关闭端口，创建日志消息并发送SNMP Trap消息，需要手动恢复或者在全局模式下使用“errdisable recovery”命令重新开启该端口。

任务验收

通过完成本任务，学会了如何为交换机端口进行安全配置与调试。任务8验收单见表3-14。

表3-14　任务8验收单

评价内容	评价项目	评价结果
交换机端口安全配置与调试	1．是否掌握了接入层端口安全技术	是　否
	2．是否能正确配置保护端口	是　否
	3．是否能正确对端口安全进行配置	是　否
	4．是否能对端口安全配置进行灵活应用	是　否
	5．是否能了解其他的端口安全技术	是　否
	6．是否能恰当处理任务实施中遇到的问题	是　否

任务9　使用路由协议实现网络互通

任务描述

通过SVI方式实现了办公楼各楼层Vlan间的用户互通，但要访问外部网络，就需要经过路由器进行转发。因此需要在设备上做相应配置，实现内部网络与出口路由器之间的网络互通。网络拓扑图如图3-33所示。

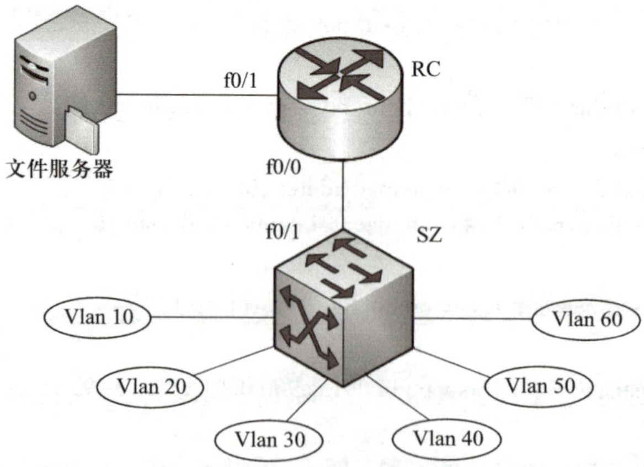

图3-33　网络拓扑图1

任务分析

网络中实现不同网络互访需要具有路由功能的设备来完成，如路由器、三层交换机等。这些网络层设备根据IP包头信息，从设备的路由表中选择一条最佳路径，将数据包转发出去，从而实现不同网段主机间的互通。本任务采用配置RIP的方式实现网络路由互通。在设备上配置RIP的步骤是：启用RIP，发布直连网段。

知识链接

路由表由一条条路由信息组成，设备根据存储的路由表信息进行路由选择和数据转发。路由表的产生方式一般有以下3种。

1）直连路由：给设备接口配置IP地址，接口所连子网的路由信息自动产生，成为直连路由信息。

2）静态路由：由网管员手工配置（详细内容将在本单元任务11中学习）。

3）动态路由：由设备根据某种路由算法自动建立，并能根据网络变化适时调整。

动态路由的运行依赖设备间的路由信息交换和对路由表的更新维护。路由信息交换是当网络发生变化时，设备间彼此交换路由信息。路由表的更新维护是设备根据某种路由算法（不同的动态路由协议算法不同）把收集到的路由信息加工成路由表。路由信息交换通过不同的路由协议完成，常见的动态路由协议有RIP、OSPF、IS-IS、BGP、IGRP/EIGRP等。每种路由协议的工作方式、选路原则等都有所不同。

RIP（Routing Information Protocols，路由信息协议）是一种动态路由选择协议，是典型的距离矢量协议，适用于小型同类网络。RIP以跳数作为衡量路径开销，RIP里规定最大跳数为15。

任务实施

1. 配置设备名称

（1）为路由器RC命名

```
Ruijie(config)#hostname RC
```

（2）为交换机SZ命名

```
Ruijie(config)#hostname SZ
```

2. 配置各种接口IP地址

（1）配置路由器接口地址

```
RC(config)#interface FastEthernet 0/0
RC(config-if-FastEthernet 0/0)#ip address 192.168.200.2 255.255.255.0
RC(config-if-FastEthernet 0/0)#no shutdown
RC(config-if-FastEthernet 0/0)#exit
RC(config)#interface FastEthernet 0/1
RC(config-if-FastEthernet 0/1)#ip address 192.168.201.1 255.255.255.0
RC(config-if-FastEthernet 0/1)#no shutdown
RC(config-if-FastEthernet 0/1)#exit
```

（2）配置交换机虚拟接口Vlan地址和接口f0/1地址

```
SZ（config）#interface vlan 10
SZ（config-if）#ip address 192.168.10.254 255.255.255.0
SZ（config-if）#no shutdown
SZ（config-if）#exit
```

```
SZ（config）#interface vlan 20
SZ（config-if）#ip address 192.168.20.254 255.255.255.0
SZ（config-if）#no shutdown
SZ（config-if）#exit
SZ（config）#interface vlan 30
SZ（config-if）#ip address 192.168.30.254 255.255.255.0
SZ（config-if）#no shutdown
SZ（config-if）#exit
SZ（config）#interface vlan 40
SZ（config-if）#ip address 192.168.40.254 255.255.255.0
SZ（config-if）#no shutdown
SZ（config-if）#exit
SZ（config）#interface vlan 50
SZ（config-if）#ip address 192.168.50.254 255.255.255.0
SZ（config-if）#no shutdown
SZ（config-if）#exit
SZ（config）#interface vlan 60
SZ（config-if）#ip address 192.168.60.254 255.255.255.0
SZ（config-if）#no shutdown
SZ（config-if）#exit
SZ（config）#ip routing                          //开启交换机路由功能
SZ(config)#interface FastEthernet 0/1
SZ(config-if-FastEthernet 0/1)#no switchport          //将接口变为三层口
SZ(config-if-FastEthernet 0/1)#ip address 192.168.200.1 255.255.255.0
SZ(config-if-FastEthernet 0/1)#no shutdown
```

3. 配置RIP路由协议实现不同网段互通

知识链接

1. RIP工作原理

RIP通过广播UDP报文来交换路由信息，每30s向相邻设备发送一次路由信息更新请求，当相邻设备收到请求后，会把自己的整个路由表作为接收消息的应答返回。请求设备接收并处理响应，对自己的路由表项进行添加、删除或者修改。

RIP只在初始请求时发送整个路由表信息。随后当网络中某个路由度量发生改变时，设备只发送与改变有关的路由，并不发送完整的路由表。

2. RIP工作特点

1）仅和相邻的设备（如路由器）交换信息。

2）设备之间交换的路由信息是每个设备自己的路由表。

3）按固定时间交换路由信息，如每隔30s，交换信息后设备会根据收到的路由信息更新路由表。

3. RIP的特点

开销小，易于配置、管理和实现，适用于小型网络，网络内部所经过的链路数不能超过15，因此RIP不适于大型网络。

4. RIP命令格式

```
router rip              //启用RIP
version {1|2}           //指定 RIP版本，默认为1
network  network        //发布与设备相连的网络（设备的直连路由）
no auto-summary         //关闭路由信息自动汇总功能
```

（1）配置路由器上的RIP

```
RC（config）# router  rip                   //启用RIP路由协议
RC（config-router）# network 192.168.200.0   //发布直连网段
```

```
RC（config-router）# network 192.168.201.0
RC（config-router）#version 2                    //定义版本号
RC（config-router）#no auto-summary              //关闭路由信息自动汇总功能
```

温馨提示

“No auto-summary ”命令只能在RIPv2中使用，RIPV1不支持此功能。

知识链接

RIP有3个版本：RIPv1、RIPv2、RIPng。其中，RIPv1和RIPv2用在IPv4的网络环境中，RIPng用在IPv6的网络环境中。RIPv1使用有类路由协议，不支持可变长子网掩码；RIPv2是在RIPv1基础上的改进版本，是一种无类别路由协议，支持可变长子网掩码，现在IPv4的网络中使用的大多是RIPv2。

（2）配置交换机上的RIP

```
SZ（config）# router rip
SZ（config-router）# network 192.168.10.0
SZ（config-router）# network 192.168.20.0
SZ（config-router）# network 192.168.30.0
SZ（config-router）# network 192.168.40.0
SZ（config-router）# network 192.168.50.0
SZ（config-router）# network 192.168.60.0
SZ（config-router）# network 192.168.200.0
SZ（config-router）#version 2
SZ（config-router）#no auto-summary
```

4. 使用“show ip router”命令查看设备路由信息

```
RC（config）#show ip router
Codes：C - connected, S - static, R - RIP
       O - OSPF, IA - OSPF inter area
       N1 - OSPF NSSA external type 1, N2 - OSPF NSSA external type 2
       E1 - OSPF external type 1, E2 - OSPF external type 2
       * - candidate default
Gateway of last resort is no set
C      192.168.200.0/24 is directly connected, FastEthernet 0/0
C      192.168.200.2/32 is local host
C      192.168.201.0/24 is directly connected, FastEthernet 0/1
C      192.168.201.1/32 is local host
R      192.168.10.0/24 [120/1] via 192.168.100.2, 00:03:00 FastEthernet 0/0
R      192.168.20.0/24 [120/1] via 192.168.100.2,00:03:00 FastEthernet 0/0
R      192.168.30.0/24 [120/1] via 192.168.100.2, 00:03:00 FastEthernet 0/0
R      192.168.40.0/24 [120/1] via 192.168.100.2, 00:03:00 FastEthernet 0/0
R      192.168.50.0/24 [120/1] via 192.168.100.2, 00:03:00 FastEthernet 0/0
R      192.168.60.0/24 [120/1] via 192.168.100.2, 00:03:00 FastEthernet 0/0
```

5. 测试不同网络的连通性

使用Ping命令逐一测试不同的网络，直到所有网络都能ping通。

任务验收

通过完成本任务，学习了动态RIP路由协议的配置步骤和配置命令，了解了动态路由及RIP的相关知识，学会了使用动态RIP路由协议实现网络互通的配置方法。任务9验收单见表3-15。

表3-15　任务9验收单

评价内容	评价项目	评价结果
使用路由协议实现网络互通	1．是否能理解动态路由的含义	是　否
	2．是否能掌握动态RIP路由协议的配置步骤	是　否
	3．是否能正确配置动态RIP路由协议	是　否
	4．是否能恰当处理任务实施中遇到的问题	是　否

任务拓展

请按照图3-34所示的拓扑图连接网络，为路由器正确配置命令，实现网络中不同网段互通。

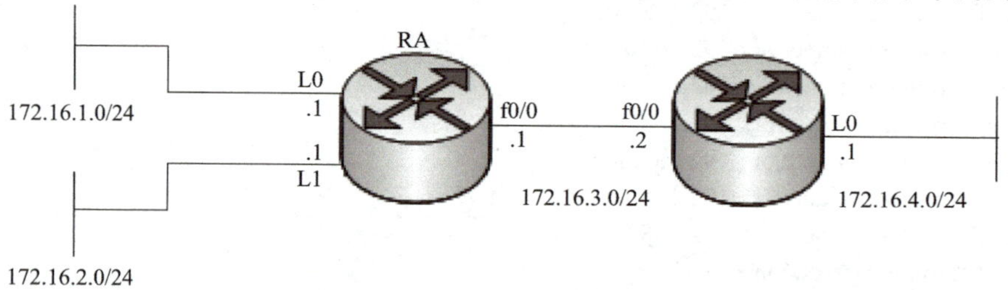

图3-34　网络拓扑图2

任务10　网络基本访问控制配置与调试

任务描述

通过任务的实施，办公楼各个楼层和各Vlan间的用户实现了互联互通。根据公司网络安全管理的需求，不希望后勤保卫部访问公司内部的文件服务器。Sunny要在路由器上部署相应的访问控制列表来满足客户提出的需求，实施访问控制。网络拓扑图如图3-33所示。

任务分析

知识链接

访问控制列表（Access Control Lists，ACL）是对流经网络设备的数据包，根据指令列表进行数据过滤，这些指令列表用来告诉路由器或交换机哪些数据包可以接收、哪些数据包需要拒绝，从而提高网络可管理性和安全性。

锐捷设备IP ACL分为两种：标准IP访问列表和扩展IP访问列表。

标准IP访问列表可以根据数据包的源IP地址定义规则，进行数据包的过滤。

扩展IP访问列表可以根据数据包的源IP、目的IP、源端口、目的端口、协议来定义规则，进行数据包的过滤。

访问控制列表（ACL）是提高网络访问安全的基本方法。针对限制用户后勤保卫部门访问文件服务器的需求，可以为设备配置访问控制列表（ACL），实现192.168.20.0/24网段（后勤保卫部门所在网段）对192.168.201.0/24网段（服务器所在网段）的网络访问限制。

在设备上配置访问控制列表的步骤如下：首先创建访问控制列表，然后创建访问规则，最后在设备的接口上应用。

经验分享

访问列表一般配置在以下位置的网络设备上：
1）内部网和外部网（如 Internet）之间的设备。
2）网络两个部分交界的设备。
3）接入控制端口的设备。

访问控制列表的工作流程如图3-35所示。

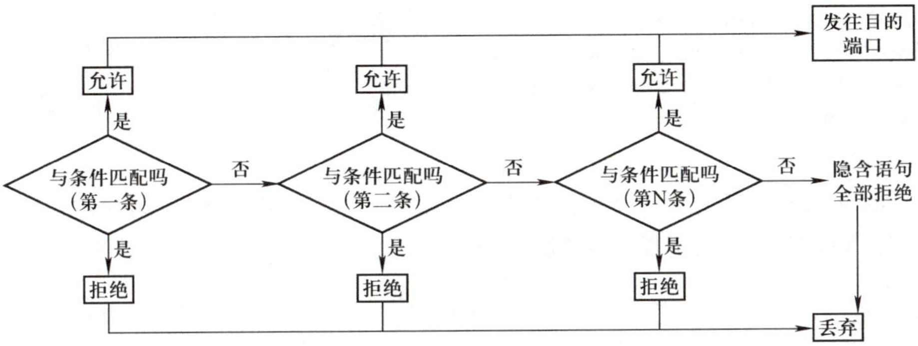

图3-35　访问控制列表的工作流程

任务实施

1. 配置设备名称

2. 配置各种接口IP地址

3. 配置RIP路由协议实现不同网段互通

以上详细配置见本单元任务9。

4. 在路由器上创建ACL

知识链接

标准访问控制列表的命令格式如下：

access-list access-list-number {permit | any} {source source-wildcard | any }

access-list	//命令关键字
access-list-number	//列表编号
{deny | permit}	//{拒绝 | 允许}
{source source-wildcard | any }	//{源地址 反掩码 | 任何地址 }

学习单元3

```
RC (config) # access-list 1 deny 192.168.20.0 0.0.0.255
RC (config) # access-list 1 permit any
```

5. 在端口上应用

```
R2(config)#int f 0/1
R2(config-if)#ip access-group 1 out
```

温馨提示

1）Permit表示允许对应的数据流通过，deny表示对应的数据被丢弃。

2）访问控制列表的网络掩码是反掩码。

3） ACL最后隐含一条deny any的条目，会拒绝所有流量。若是禁止某网段访问，其他网段均放通，则一定要在最后加一条permit any，用来放行其他流量。

4）只过滤数据包源地址的ACL应用在尽量靠近目标地址的端口。

6. 查看配置结果

```
RC (config) #show access-list 1
Standard IP access list 1 indludes 2 items
    deny 192.168.20.0 ,wildcard bits 0.0.0.255
    permit any
```

7. 进行结果测试

从在Vlan20内的任意台主机ping服务器，结果都不能ping通，但可以ping通其他Vlan内的主机，其他Vlan内的主机可以ping通服务器。

知识链接

1. 访问控制列表的形式

ACL由一系列的表项组成，每个表项称为一个访问控制表项（Access Control Entry，ACE）。

```
ip access-list 1                       ┐
10 deny 192.168.10.0  -------→ACE      │
20 deny 192.168.20.0                   ├ 一个ACL中的表项
30 deny 192.168.30.0                   │
 40 permit any                         ┘
```

2. ACE如何工作

每个ACE由序号、动作、检查的内容组成，按序号顺序执行，序号小则优先级高，先执行。一旦匹配某条ACE，则执行ACE规定的动作，不再往下进行比较。

3. ACL在接口的应用

只能在每个接口、每个协议、每个方向上应用一个ACL。

ACL基于接口进行规则的应用分为入栈应用和出栈应用。

入栈应用是指由外部经该接口进入设备的数据包进行过滤。

出栈应用是指设备从该接口向外转发数据时进行数据包的过滤。

ACL应用到一个接口时，会影响通过接口的流量，但ACL不会过滤设备本身产生的流量。

4. ACL的配置方式

ACL的配置有两种方式：按照编号的访问列表，按照命名的访问列表。标准IP访问列表编号范围是1～99、1300～1999，扩展IP访问列表编号范围是100～199、2000～2699。

任务验收

通过完成本任务，学习了网络基本访问控制的相关知识，了解了ACL相关的功能，并学习了如何对网络基本访问控制进行配置与调试。任务10验收单见表3-16。

表3-16　任务10验收单

评价内容	评价项目	评价结果
网络基本访问控制配置与调试	1．是否能理解访问列表的含义与作用	是　否
	2．是否能掌握标准访问控制列表的配置方法	是　否
	3．是否能正确配置标准访问控制列表	是　否
	4．是否能恰当处理任务实施中遇到的问题	是　否

问题思考

如果在配置ACL时输入错误，如何删除已经创建了的ACL？

任务拓展

请按照图3-36所示的拓扑图连接网络，为网络设备正确配置命令，实现实习员工不能访问内网服务器。

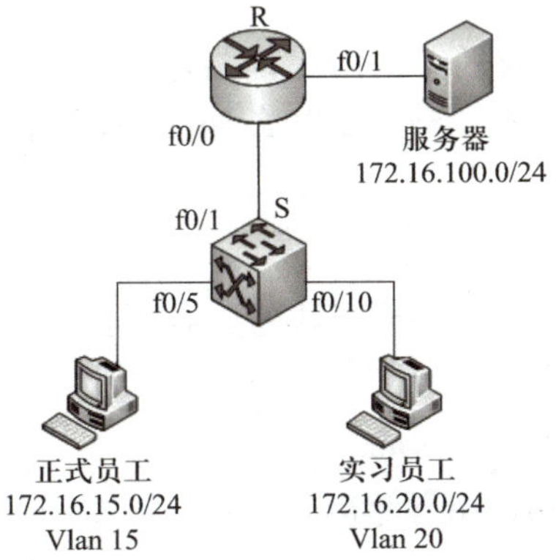

图3-36　网络拓扑图

任务11　局域网出口静态路由配置

任务描述

在完成光纤连接和测试后，需要根据公司网络拓扑图，将公司办公楼通过光纤接入集团内部网络。要实现Internet访问还要对出口设备进行静态路由配置。

任务分析

出口静态路由配置一般应先根据网络拓扑图，分析网络情况，并确保在源和目标之间的设备上都有关于目标的正确的路由条目；然后根据端口IP地址规划情况进行相应IP地址（或端口）的静态路由配置。

知识链接

静态路由是手工配置的路由信息。静态路由一般适用于比较简单的网络环境，在这样的环境中，网络管理员容易清楚地了解网络的拓扑结构，便于设置正确的路由信息。

静态路由的优点是简单，无开销；缺点是当网络拓扑发生变化时，不能自动感知，需要管理员人工干预。

静态路由配置的命令格式如下：

ip route [目标网络] [子网掩码] [下一跳地址或本地出接口地址]

其中，Ip route 是命令；[目标网络] 是命令参数选项，指目标主机IP地址或者目标网络的网段地址；[子网掩码] 是命令参数选项，指目标主机或者网络的子网掩码；[下一跳地址或本地出接口地址] 是命令参数选项，指网关IP地址或本地设备的出口地址。

任务实施

1．分析网络拓扑

根据任务1制定的出口路由规划，网络出口路由器的出口地址为192.168.255.241/30，连接对端路由器的IP地址为192.168.255.242/30，如图3-7所示。

2．配置指向对端路由器的静态路由

```
RC(config)# interface serial 2/0
RC(config-if)#ip address 192.168.255.241 255 255.255.252
RC(config-if)#clock rate 64000
RC(config-if)#no shutdown
RC(config-if)#exit
RC(config)# ip route 0.0.0.0 0.0.0.0 192.168.255.242
```

3．查看配置结果

```
RC (config)#show ip route
Codes:  C - connected, S - static, R - RIP, B - BGP
        O - OSPF, IA - OSPF inter area
        N1 - OSPF NSSA external type 1, N2 - OSPF NSSA external type 2
        E1 - OSPF external type 1, E2 - OSPF external type 2
        i - IS-IS, su - IS-IS summary, L1 - IS-IS level-1, L2 - IS-IS level-2
        ia - IS-IS inter area, * - candidate default
Gateway of last resort is no set
C       192.168.200.0/24 is directly connected, FastEthernet 0/0
C       192.168.200.2/32 is local host.
C       192.168.201.0/24 is directly connected, FastEthernet 0/1
C       192.168.201.1/32 is local host.
S       0.0.0.0/0 [1/0] via 192.168.255.242
```

4．进行结果测试

在内网主机上ping对端网络的地址，若能ping通，则代表静态路由配置正确。

经验分享

1）默认路由：0.0.0.0/0可以匹配所有的IP地址，属于最不精确的匹配，当所有已知路由信息都查不到数据包如何转发时，按默认路由的信息进行转发。默认路由配置如下：

ip route 0.0.0.0 0.0.0.0 [转发路由器的IP地址或本地接口]

2）配置静态路由的下一跳有两种形式：下一跳IP地址和本地出接口。建议在以太网链路配置静态路由时，配置为下一跳的IP地址。若是在网络出口配置默认路由，切勿配置为本地出接口。因为若在网络出口配置默认路由，下一跳为本地出接口，则会有大量的ARP解析，占用大量的ARP表。若对方关闭ARP代理功能，会导致网络不通。

3）在配置静态路由时，可以指定下一跳地址，也可以指定下一跳接口。至于是指定下一跳接口，还是指定下一跳地址要视具体情况而定。但下一跳地址不能为当前接口的IP地址，否则路由不会生效。

4）下一跳接口也可以是Null0和Loopback接口。Null0是一个伪接口或者空接口，不能配置IP地址，也不发送和接收数据包，但总是呈激活状态，主要用来阻止路由环路。Loopback接口是一个虚拟接口，它可以发送或接收数据包，也可以配置地址，主要用来代表路由器本身。

任务验收

通过完成本任务，了解了静态路由的相关知识，并学习了如何对出口静态路由进行配置与调试。任务11验收单见表3-17。

表3-17　任务11验收单

评价内容	评价项目	评价结果
局域网出口静态路由配置	1．是否能理解静态路由配置命令各参数的含义	是　否
	2．是否能掌握静态路由配置的思路和方法	是　否
	3．是否能正确配置指向对方的静态路由	是　否
	4．是否能正确对配置的路由进行连通性测试	是　否
	5．是否具备在实践中主动发现和解决问题的能力	是　否

任务拓展

请按照图3-34所示的拓扑图连接网络，使用静态路由的方式实现网络中不同网段的互通。

任务12　客户关键业务验证和文档资料移交

任务描述

Sunny在完成了整个项目的网络设备安装与调试工作后，需要对客户关键业务进行测试验证，完成项目文档资料的移交工作。

任务分析

客户关键业务验证需要根据项目实施设计方案的技术指标要求进行，形成设备初调文档，填写项目验收报告书。在项目文档资料移交时，需要将网络拓扑图、产品、技术和测试验证相关文档移交给用户及网络运营维护方，最终完成项目验收。

任务实施

1. 客户关键业务验证

依据用户需求完成客户关键业务验证，并填写业务验证报告，见表3-18。

表3-18 业务验证报告

验证内容	验证数据	验证结论
核心设备配置验证		
出口路由配置验证		
汇聚层设备配置验证		
接入层设备配置验证		
网络联通性测试		
……		

客户代表验收意见：

客户代表（签字）： 验收工程师（签字）：

时间：______年____月____日

2. 移交项目初步验收报告

项目初步验收报告见表3-19。

表3-19 项目初步验收报告

<table>
<tr><td colspan="2">合同名称：</td><td></td><td>合同编号：</td><td></td></tr>
<tr><td colspan="2">甲方验收部门：</td><td></td><td>验收地址：</td><td></td></tr>
<tr><td colspan="2">甲方验收小组负责人：</td><td></td><td>联系电话：</td><td></td></tr>
<tr><td colspan="2">乙方项目验收负责人：</td><td></td><td>联系电话：</td><td></td></tr>
<tr><td rowspan="6">主要产品信息</td><td>序号</td><td>产品型号</td><td>产品编号或描述</td><td>数量</td></tr>
<tr><td>1</td><td></td><td></td><td></td></tr>
<tr><td>2</td><td></td><td></td><td></td></tr>
<tr><td>3</td><td></td><td></td><td></td></tr>
<tr><td>4</td><td></td><td></td><td></td></tr>
<tr><td>……</td><td></td><td></td><td></td></tr>
<tr><td colspan="5">初步验收内容：</td></tr>
<tr><td colspan="5">初步验收结论：

甲方验收小组负责人签名： 甲方验收小组成员签名：</td></tr>
<tr><td colspan="3">甲方验收部门负责人签字：

甲方部门公章：

年 月 日</td><td colspan="2">乙方经办人签名：

乙方盖章：

年 月 日</td></tr>
</table>

"初步验收结论"由甲方验收小组负责人填写并签字。

甲方验收部门指甲方使用部门或使用主管部门。

该表格一式三联，第一联：甲方验收部门交采购部门；第二联：甲方验收部门留存；第三联：乙方作为向甲方提示付款的依据。此表不足记录结果时，可增加附页。

3. 移交实施完成报告

项目实施完成报告见表3-20。

表3-20 项目实施完成报告

合同名称：			合同编号：	
甲方验收部门：			验收地址：	
甲方验收小组负责人：			联系电话：	
乙方经办人：			联系电话：	
主要产品信息	序号	产品型号	产品编号或描述	数量
	1			
	2			
	3			
	……			
实施完成报告： 我司______年__月__日开工的______________实施项目，于______年__月__日安装完成并测试完毕，网络已联通，可以开始试运行。 乙方经办人签名：　　年　月　日				
甲方意见： 甲方负责人签名：　　年　月　日				

任务验收

通过完成本任务，学会了如何对项目文档资料进行移交。通过移交设备运行配置备份、网络拓扑图、项目用户培训手册、项目日常维护手册等内容后，填写公司提供的项目文档移交清单。任务12验收单见表3-21。

表3-21 任务12验收单

评价内容	评价项目	评价结果
客户关键业务验证和文档资料移交	1．是否能完成客户关键业务的测试验证	是　否
	2．是否能正确对项目文档所涉及的资料进行移交	是　否
	3．是否能正确填写项目文档移交清单	是　否
	4．是否能与相关人员进行良好的沟通	是　否
	5．是否能恰当处理任务实施中遇到的问题	是　否

单元总结

1. 单元学习重点

通过本单元的学习，能对单栋楼宇网络进行规划和网络设备进行正确安装、配线、连接、调试和测试验证，重点学习路由设备初始化检验和配置，以及交换设备的基础配置、Vlan三层互访、远程登录、安全设置和标准访问控制等内容，能在理解拓扑图的基础上制定出单栋楼宇网络IP地址规划表，依据拓扑图和规划表进行网络设备安装连接，并根据用户需求进行设备配置与调试，具备对整栋楼宇进行网络设备常用功能配置和调试的能力。

2. 单元内容梳理

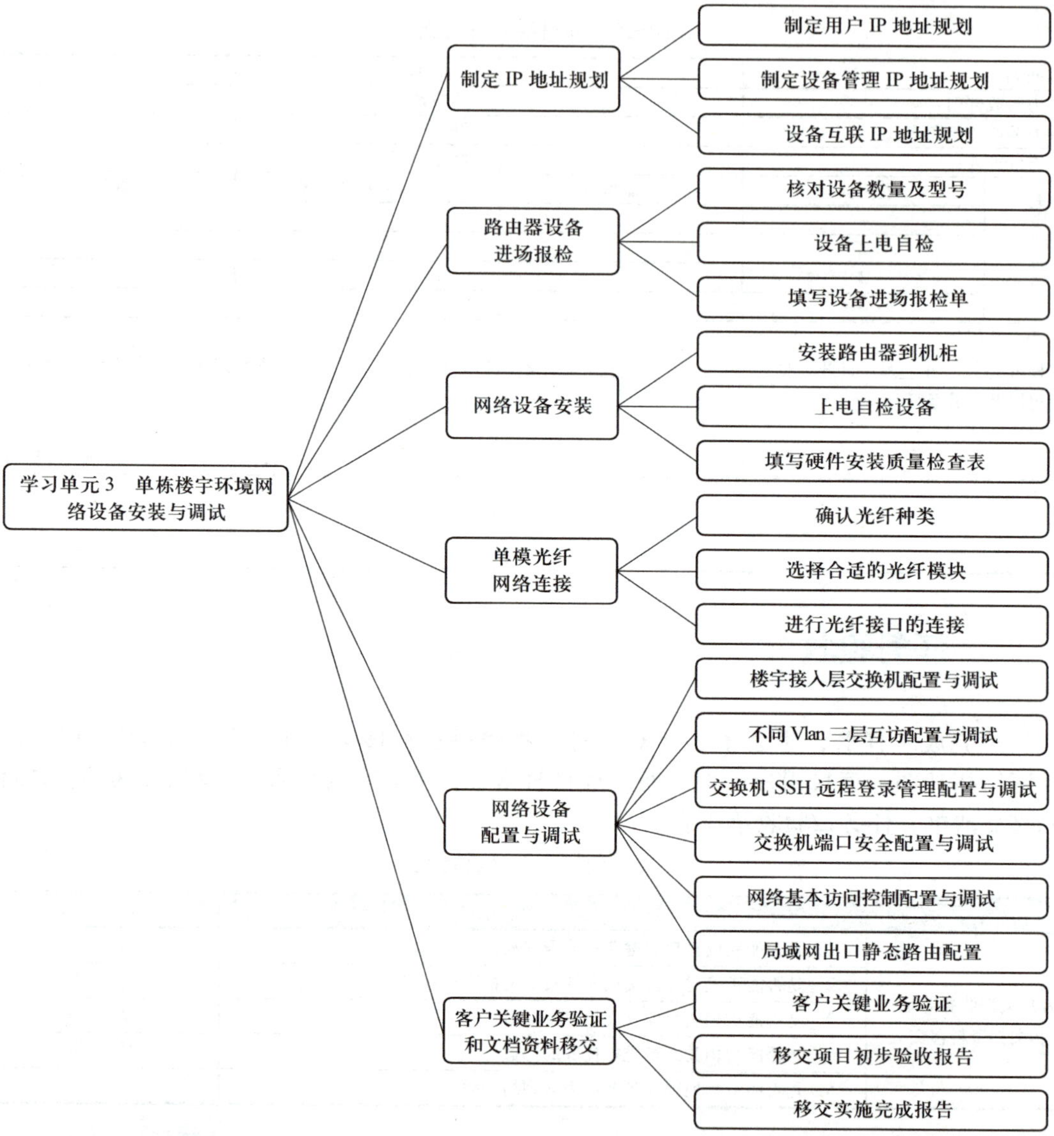

单元训练

某集团为了加快信息化建设，要把集团新的企业网建设成为一个具有办公自动化、通信网络化、业务综合管理等功能的现代化计算机网络系统。该企业网的系统拓扑图如图

3-37所示。为了确保网络运行正常、安全高效，系统设计如下：

1）采用先进的组网技术完成集团企业网的建设，实现内外网互联互通。

2）采用合理的IP地址规划方案，防止网络地址冲突，进行有效管理。

3）为了网络安全和便于管理，防止部分网络故障影响整个网络平稳运行，各分公司网络独立划分区域，整个网络用Vlan进行隔离。

4）各个部门间的通信采用Vlan间路由的方式解决。

5）公司内部服务器采用访问控制管理，确保授权用户访问，提高公司敏感信息数据安全性，防止泄露企业机密信息。

请根据网络拓扑图和系统设计完成该项目网络IP地址与Vlan规划，完成网络中设备的配置与调试工作。

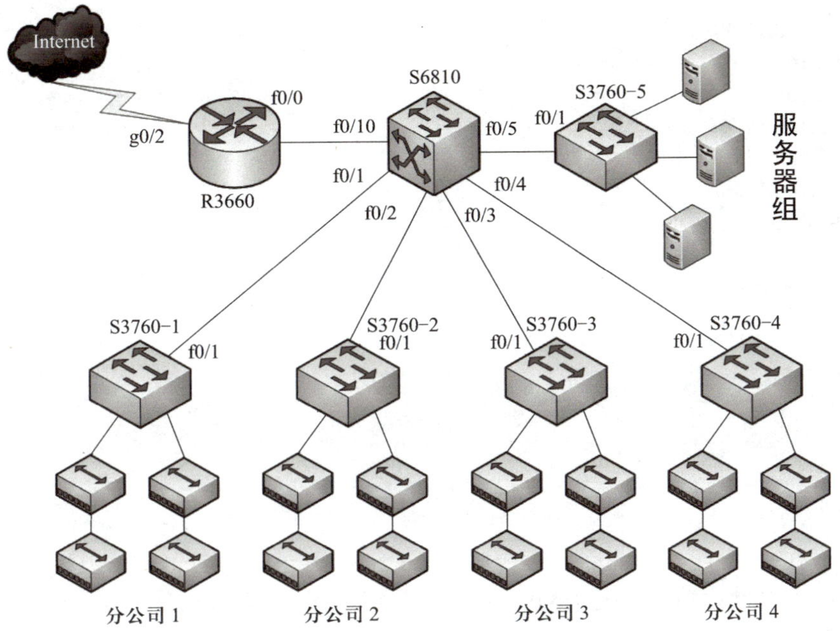

图3-37　某集团企业网系统拓扑图

设备参考配置命令

1. S3760-1参考配置命令

```
host S3760-1
vlan 11
vlan 12
vlan 13
vlan 14
vlan 15
vlan 16
vlan 17
int vlan 11
ip add 192.168.11.254 255.255.255.0
int vlan 12
ip add 192.168.12.254 255.255.255.0
int vlan 13
ip add 192.168.13.254 255.255.255.0
```

```
int vlan 14
ip add 192.168.14.254 255.255.255.0
int vlan 15
ip add 192.168.15.254 255.255.255.0
int vlan 16
ip add 192.168.16.254 255.255.255.0
int vlan 17
ip add 192.168.17.254 255.255.255.0
ip routing
int f 0/1
no swi
ip add 192.168.10.1 255.255.255.0
router  rip
net 192.168.10.0
net 192.168.11.0
net 192.168.12.0
net 192.168.13.0
net 192.168.14.0
net 192.168.15.0
net 192.168.16.0
net 192.168.17.0
ver 2
no auto-summary
```

2. S3760-2参考配置命令

```
host S3760-2
vlan 21
vlan 22
vlan 23
vlan 24
vlan 25
int vlan 21
ip add 192.168.21.254 255.255.255.0
int vlan 22
ip add 192.168.22.254 255.255.255.0
int vlan 23
ip add 192.168.23.254 255.255.255.0
int vlan 24
ip add 192.168.24.254 255.255.255.0
int vlan 25
ip add 192.168.25.254 255.255.255.0
ip routing
int f 0/1
no swi
ip add 192.168.20.1 255.255.255.0
router  rip
net 192.168.20.0
net 192.168.21.0
net 192.168.22.0
net 192.168.23.0
net 192.168.24.0
net 192.168.25.0
```

```
ver 2
no auto-summary
```

3. S3760-3参考配置命令

```
host S3760-3
vlan 31
vlan 32
vlan 33
vlan 34
vlan 35
vlan 36
vlan 37
vlan 38
vlan 39
int vlan 31
ip add 192.168.31.254 255.255.255.0
int vlan 32
ip add 192.168.32.254 255.255.255.0
int vlan 33
ip add 192.168.33.254 255.255.255.0
int vlan 34
ip add 192.168.34.254 255.255.255.0
int vlan 35
ip add 192.168.35.254 255.255.255.0
int vlan 36
ip add 192.168.36.254 255.255.255.0
int vlan 37
ip add 192.168.37.254 255.255.255.0
int vlan 38
ip add 192.168.38.254 255.255.255.0
int vlan 39
ip add 192.168.39.254 255.255.255.0
ip routing
int f 0/1
no swi
ip add 192.168.30.1 255.255.255.0
router  rip
net 192.168.30.0
net 192.168.31.0
net 192.168.32.0
net 192.168.33.0
net 192.168.34.0
net 192.168.35.0
net 192.168.36.0
net 192.168.37.0
net 192.168.38.0
net 192.168.39.0
ver 2
no auto-summary
```

4. S3760-4参考配置命令

```
host S3760-4
```

```
vlan 41
vlan 42
vlan 43
vlan 44
int vlan 41
ip add 192.168.41.254 255.255.255.0
int vlan 42
ip add 192.168.42.254 255.255.255.0
int vlan 43
ip add 192.168.43.254 255.255.255.0
int vlan 44
ip add 192.168.44.254 255.255.255.0
ip routing
int f 0/1
no swi
ip add 192.168.40.1 255.255.255.0
router  rip
net 192.168.40.0
net 192.168.41.0
net 192.168.42.0
net 192.168.43.0
net 192.168.44.0
ver 2
no auto-summary
```

5. S3760-5参考配置命令

```
host S3760-5
vlan 51
int vlan 51
ip add 192.168.51.254 255.255.255.0
ip routing
int f 0/1
no swi
ip add 192.168.50.1 255.255.255.0
router  rip
net 192.168.50.0
net 192.168.51.0
ver 2
no auto-summary
```

6. S6810参考配置命令

```
host S6810
ip routing
int f 0/1
no swi
ip add 192.168.10.2 255.255.255.0
int f 0/2
no swi
ip add 192.168.20.2 255.255.255.0
int f 0/3
no swi
ip add 192.168.30.2 255.255.255.0
```

```
int f 0/4
no swi
ip add 192.168.40.2 255.255.255.0
int f 0/5
no swi
ip add 192.168.50.2 255.255.255.0
int f 0/10
no swi
ip add 192.168.100.2 255.255.255.0
router  rip
net 192.168.10.0
net 192.168.20.0
net 192.168.30.0
net 192.168.40.0
net 192.168.50.0
net 192.168.100.0
ver 2
no auto-summary
access-list 1 deny 192.168.17.0 0.0.0.255
access-list 1 deny 192.168.25.0 0.0.0.255
access-list 1 deny 192.168.39.0 0.0.0.255
access-list 1 deny 192.168.44.0 0.0.0.255
access-list 1 permit any
int f 0/5
ip access-group 1 out
```

7．R3660参考配置命令

```
int f 0/0
ip add 192.168.100.1 255.255.255.0
int g 0/2
ip add 58.116.83.254 255.255.255.0
router  rip
net 192.168.100.0
net 58.116.83.0
ver 2
no auto-summary
ip route 0.0.0.0 0.0.0.0 58.116.83.1
```

单元检测

一、选择题

1．77.88.99.100属于（　　）IP地址。

A．A类　　B．B类　　C．C类　　D．D类

2．下列哪项不是RFC1918 所定义的私有IP地址空间段（　　）。

A．10.0.0.0/8　　B．127.0.0.0/16

C．172.16.0.0/16　　　　　　　　D．192.168.0.0/24

3．（　　）不具有网络层功能。

A．二层交换机　　B．三层交换机　　C．核心交换机　　D．路由器

4．三层交换机和路由器的相同点是（　　）。

A．具有丰富的广域网接口　　　　B．具有高速转发能力

C．具有丰富的局域网接口　　　　D．具有路由功能

5．目前在设备上使用最多的是（　　）接口的光纤跳线。

A．ST　　B．SC　　C．LC　　D．MTRJ

6．关于光纤接入方式的优点不正确的是（　　）。

A．传输容量大，传输质量好，损耗小，寿命长，中继距离长

B．用户信息隔离度好，技术比较成熟

C．不受电磁波干扰，抗干扰性强

D．整体网络建设成本不高

7．配置交换机端口最大连接数限制的命令是（　　）。

A．Ruijie(config-FastEthernet 0/1)#switchport port-security

B．Ruijie(config-FastEthernet 0/1)#switchport port-security 1

C．Ruijie(config-FastEthernet 0/1)#switchport port-security maximum 1

D．Ruijie(config-FastEthernet 0/1)# switchport mac-address 001a.a900.0001

8．查看f0/1端口安全的命令是（　　）。

A．Ruijie(config)#show security-port interface f0/1

B．Ruijie(config)#show port-security interface f0/1

C．Ruijie(config)#show interface f0/1 security-port

D．Ruijie(config)#show port-security f0/1

9．在路由器上配置ip route 0.0.0.0 0.0.0.0 serial 2/0命令后路由表中会显示（　　）。

A．C 0.0.0.0/0is directly connected,serial2/0

B．S* 0.0.0.0/0 [1/0]via 172.16.10.1

C．C 0.0.0.0/0 is directly connected,serial2/0

D．S* 0.0.0.0/0 [1/0]via172.16.10.1

10．下列可以显示路由表中的信息的命令是（　　）。

A．Ruijie（config）#show interfaces

B．Ruijie（config）#show ip route

C．Ruijie（config）#show running

D．Ruijie（config）#show version

11．如果只为一台新报验后上架的路由器配置了IP地址，则路由表中只有（　　）。

A．默认路由　　　　B．静态路由

C．直连路由　　　　D．没有路由，路由表为空

12．关闭Rip路由汇总的命令是（　　）。

A．ip route　　　　B．no ip route

C．auto-summary　　D．no auto-summary

13．标准访问控制列表的列表编号范围是（　　）。

A．1～99　　B．100～199　　C．800～899　　D．900～999

14．ACL最后隐含一条（　　）的条目，会拒绝所有流量。

A．deny host　　B．permit host　　C．deny any　　D．permit any

二、简答题

1．简述进行网络IP地址规划的好处。

2．简述直连路由和静态路由的区别。

3．简述访问控制列表的工作流程。

学习单元4

多栋楼宇环境网络设备安装与调试

DUODONG LOUYU HUANJING WANGLUO SHEBEI ANZHUANG YU TIAOSHI

单元概要

1）本单元以某企业需要组建园区网络项目为载体来进行学习。本单元重点学习对核心层设备进行常见功能配置，学习动态路由、网络优化、网络地址转换等配置的命令和方法，逐步具备对多栋楼宇网络环境进行网络设备安装与调试的技能。

2）核心层位于网络顶层，主要负责可靠和迅速地传输大量的数据流。在多栋楼宇组成的局域网络环境中，用户数量较多，在网络主干部分需配置更高性能和吞吐量的核心层交换机，以高速转发通信，提供优化、可靠的骨干传输结构。本单元重点学习园区网络的整体规划设计及核心层网络设备的安装与调试。

单元目标

◆ 知识目标

1）掌握出口路由和骨干区域路由协议规划的基本知识。

2）理解动态路由的优点，了解常见的动态路由协议。

3）掌握OSPF协议的配置方法和步骤。

4）掌握网络地址转换的实现方式。

5）理解扩展访问控制列表的概念及功能。

6）了解网络日常维护的方法，掌握解决网络常见小故障的方法。

◆ 能力目标

1）能根据需求制订项目的网络协议及安全与优化规划。

2）能正确填写设备进场报验单，具备独立进场报验设备的能力。

3）能正确安装核心交换机并对各端口模块进行网络连线。

4）能正确进行远距离光纤网络连接。

5）能综合应用交换机、路由配置命令对网络设备进行配置。

6）能根据项目需求对网络进行安全及优化配置，以提高网络的安全及可靠性。

7）会根据测试要求测试网络的各种功能。

8）能根据项目要求书写项目调试验收报告。

9）能完成客户使用培训。

◆ 情感态度价值观

1）能与同事进行良好的沟通，具有一定的统筹协调能力。

2）工作讲究效率，具有时间观念。

3）工作中善于总结，具有创新精神。

4）工作敬业，具有认真仔细的工作态度。

单元描述

某企业希望重新建设园区网络，建成数字化企业园区，以满足办公和生产研发需要，要求网络运行安全可靠、数据传输高速稳定以及可升级扩容。园区内有多栋楼宇，包括办公楼、生产研发楼和宿舍楼等。前期的网络布线工作已经完成，现在需要将园区内所有计算机连接组成局域网络并接入互联网。

单元分析

Sunny作为该项目具体的工程负责人员，接到工作后，首先应明确工作任务和要求；然后根据前期工程的综合布线图和网络系统拓扑图制订工作方案，进行网络设备的安装与调试，根据客户的管理要求，制订用户之间访问控制的方案，并完成设备配置；最后进行全网连通性调试，组织项目验收，编写相关的文档。企业园区综合布线示意图如图4-1所示，企业园区网络系统拓扑图如图4-2所示，企业园区多栋楼宇项目工作流程如图4-3所示。

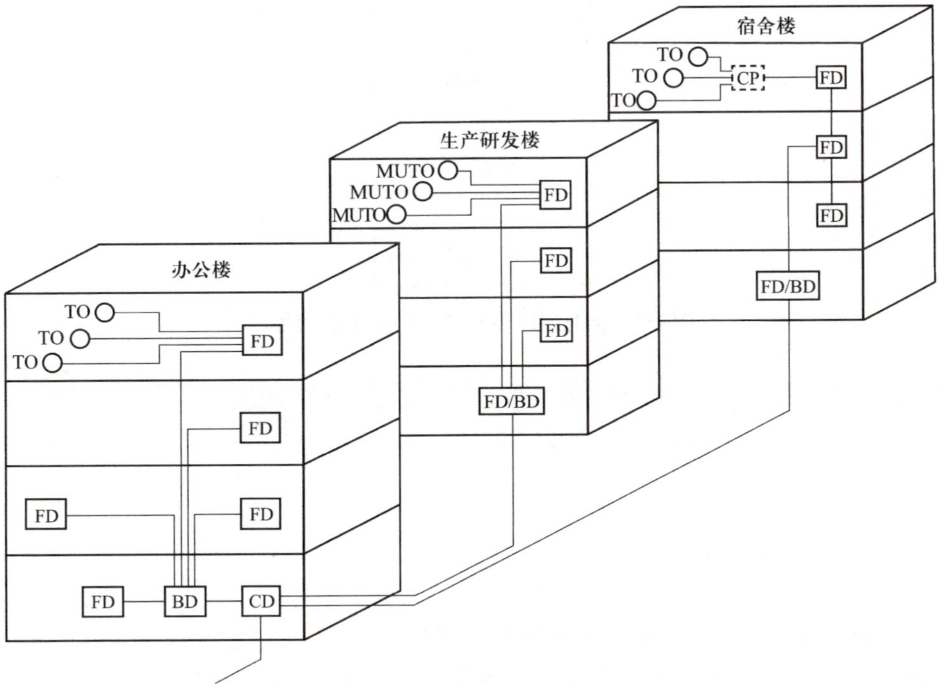

图4-1　企业园区综合布线示意图

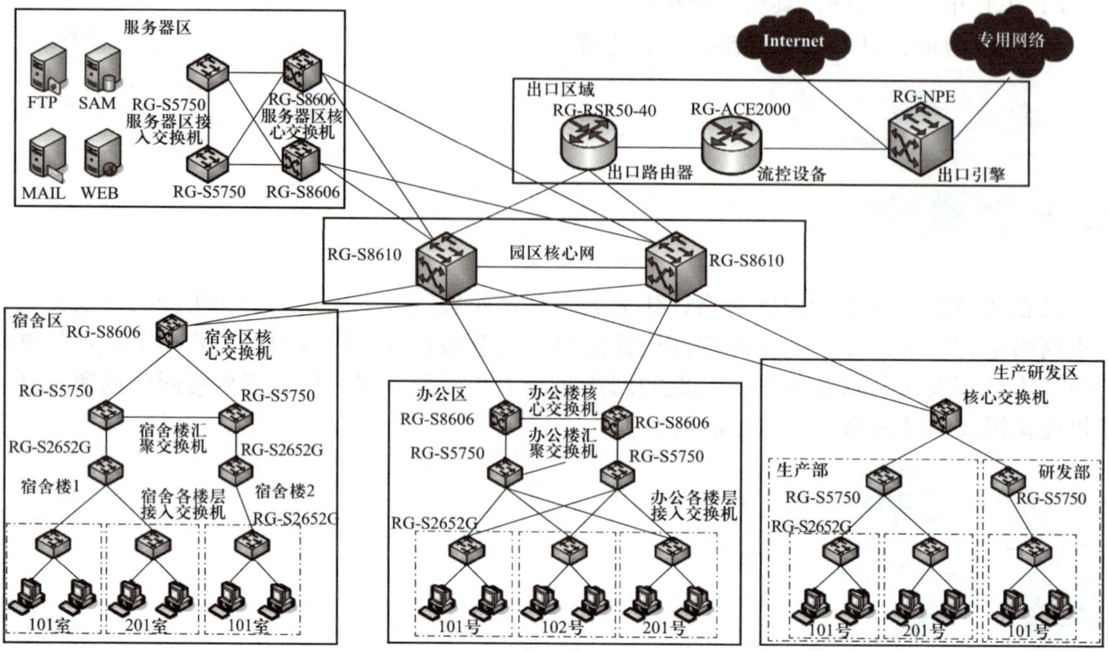

图4-2　企业园区网络系统拓扑图

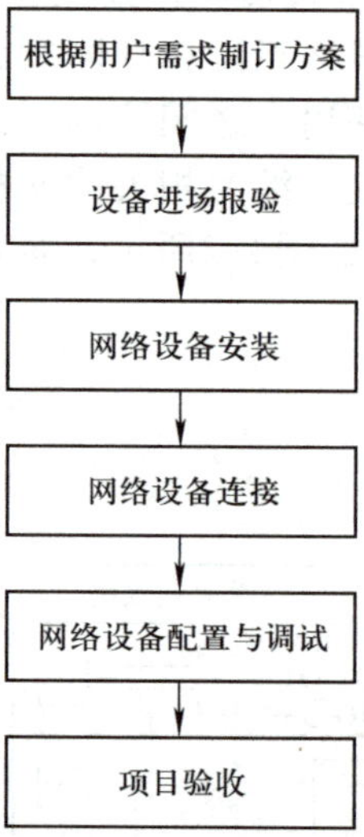

图4-3　企业园区多栋楼宇项目工作流程

任务1　制订硬件安装计划

任务描述

Sunny接到任务后，根据项目设计方案，协助项目单位制定设备安装实施的技术标准；根据项目单位实际情况和布线环境等，编制详细的实施方案、进度计划、人员分工、技术参数手册和硬件安装计划等。

任务分析

制订详细的实施方案需要技术人员、安装实施人员和项目单位技术人员共同对实施方案技术细节进行分析、探讨和论证，并确认配置方案。为了使项目能够按照计划、有序地进行，项目实施过程分为实施前期、实施中期、实施后期三个阶段，施方案见表4-1。

表4-1 项目详细实施方案

项目环节	任务内容简述	人员分工
实施前期		
1. 设备供货	确保项目中所有设备如期、安全地到达现场	供货人员、技术人员
2. 制订详细的实施方案	根据设计方案，协助项目单位制定设备安装实施技术标准；根据项目单位现状提供详细的单位分布环境等分配方案，编制实施方案、进度计划、人员分工、技术参数手册和设备安装手册	技术人员、质量监控员
3. 内部技术培训	对相关技术人员进行内部培训	技术人员、安装调试员
4. 实施环境调查	检查、核实实施现场的环境	技术人员、安装调试员
实施中期		
5. 设备进场报验	设备进场，并在指定的地点交货、验收	技术人员、安装调试员
6. 现场安装调试	进行现场设备安装调试工作、现场培训工作	技术人员、安装调试员
7. 设备初验	实施小组完成安装调试工作后，进行网络调试，并依据测试计划对设备进行自测	技术人员、安装调试员
8. 设备试运行	设备初验通过后试运行	技术人员、安装调试员
9. 竣工验收	根据验收方案对设备进行验收	技术人员、验收人员
实施后期		
10. 技术支持与售后服务	给用户提供及时、准确的帮助，包括使用方面的热线咨询、故障的修复	售后服务人员

任务实施

1. 确定项目组成员

项目职责分工，见表4-2。

表4-2 项目职责分工

<table>
<tr><td>项目周期</td><td colspan="2">2013年12月1日～31日</td><td>项目经理</td><td>张三</td><td>技术负责人</td><td>李四</td></tr>
<tr><td rowspan="3">项目组人员配置</td><td>职务</td><td>职责</td><td colspan="4">姓名</td></tr>
<tr><td>实施工程师</td><td>完成具体的设备安装工作</td><td colspan="4">李四</td></tr>
<tr><td>实施工程师</td><td>完成具体的设备调试工作</td><td colspan="4">王五</td></tr>
</table>

2. 开工协同会议

和用户以及集成商共同召开开工协同会，明确实施时间点及责任配合关系，形成会议记录，见表4-3。

表4-3 会议记录表

会议记录	
1	
2	
3	

3. 业务板安装设计

模块式交换机业务板从离管理槽最远的一个业务槽开始进行部署。业务板安装示意图如图4-4所示。

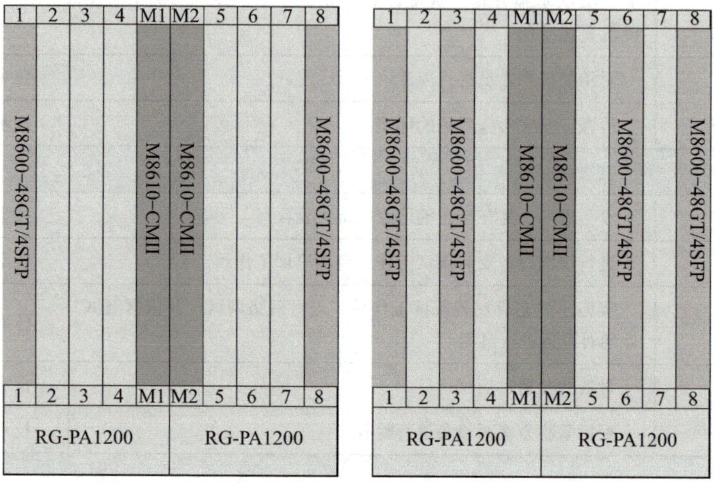

图4-4 业务板安装示意图

4. 设备互联设计

接入设备采用最后一个端口上联到核心交换机，核心交换机下联端口采用从前向后进行使用。交换机互联示意图如图4-5所示。

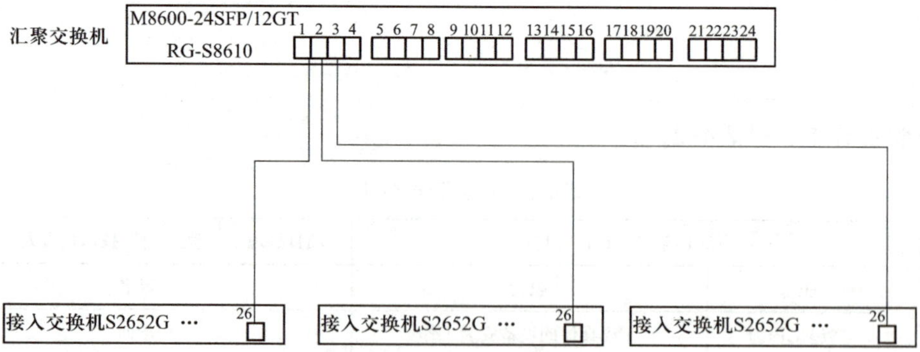

图4-5 交换机互联示意图

5. 端口聚合部署设计

对于机架式交换机，在进行端口聚合时跨芯片进行部署。例如，在对RG-S2652G进行端口聚合时，将G0/1和G0/9进行聚合。对于模块化交换机进行端口聚合时，跨业务板进行端口聚合。PGND 首先接到机柜的接地端子上，然后机柜的接地端子连接到机房的接地排。

6. 堆叠交换机连接设计

在进行交换机堆叠操作时，遵循上主下备的原则（即一个堆叠组交换机最上面一台为主交换机）。堆叠线在连接时必须是交叉连接，即上一台设备的Down口必须连接下一台设备的Up口。堆叠交换机连接示意图如图4-6所示。

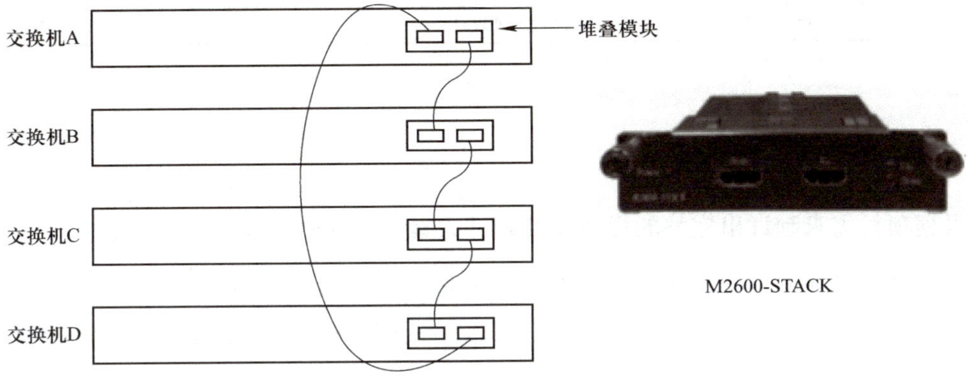

图4-6　堆叠交换机连接示意图

7. 设备命名设计

如果客户有规范或明确合理的要求，则按照客户的规范或要求进行配置。

如果客户没有规范或明确合理的要求，则可参考设备位置、网络位置、设备型号、设备编号等因素，在项目中制定统一的命名规范。设备命名规范如图4-7所示。

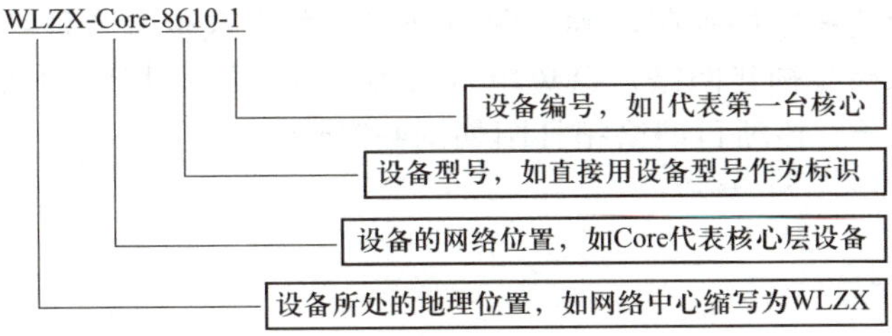

图4-7　设备命名规范

8. 端口描述规范

为了保证工程的规范性，设备的端口描述必须遵循以下原则：

Connect _to _[设备名称]-端口编号

例如，Connect_to_[WLZX_Core_CS_01]-G0/1表示连接到核心区交换机01的G0/1端口。在设备上的配置命令如下：

```
interface GigabitEthernet 0/26
description Connect_to_[Core_CS_01]-G0/1
```

任务验收

根据项目单位需求、环境布线和网络系统拓扑图等，按项目实施要求，制订详细的硬件安装计划。任务1验收单见表4-4。

表4-4 任务1验收单

评价内容	评价项目	评价结果
制定硬件安装计划	1. 能明确硬件安装计划在项目安装调试方案中的作用	是 否
	2. 能完成人员分工和内部培训	是 否
	3. 能按照规范完成业务板安装设计	是 否
	4. 能对设备安装的互联端口等进行规划设计	是 否

任务拓展

请根据项目需求制订出完整的设备安装调试方案（包括硬件安装计划）。

任务2 制订网络协议及安全与优化规划

任务描述

客户要求办公区和宿舍区采用向ISP服务商申请的ADSL接入网络，IP网段可以使用10.0.0.0/8；服务器区采用ISP服务商专线网络合法IP地址，同时对园区网内外提供服务（FTP、Mail、Web等）；宿舍区和办公区用户通过Internet线路访问Internet；出口流控设备对内网用户进行带宽和应用限制，确保两条外网线路带宽资源合理利用；骨干区、服务器区和办公区采用双核心构建网络，避免单点故障。现需制订相应的网络协议及安全优化规划来保障网络的安全。该项目网络拓扑图如图4-2所示。

任务分析

制订网络协议及安全与优化规划，可以使网络系统的效率达到优化，并保障网络的安全。

任务实施

1. 制订路由协议设计规范

(1) 制订出口路由设计规划

出口路由规划如图4-8所示。出口防火墙静态明细路由指向专线网络，默认路由指向

ISP。出口防火墙静态回指汇总路由（园区网络全网IP网段）指向出口路由器。出口防火墙对内网地址源地址转换为公网地址。出口路由器通过静态默认路由指向出口防火墙。

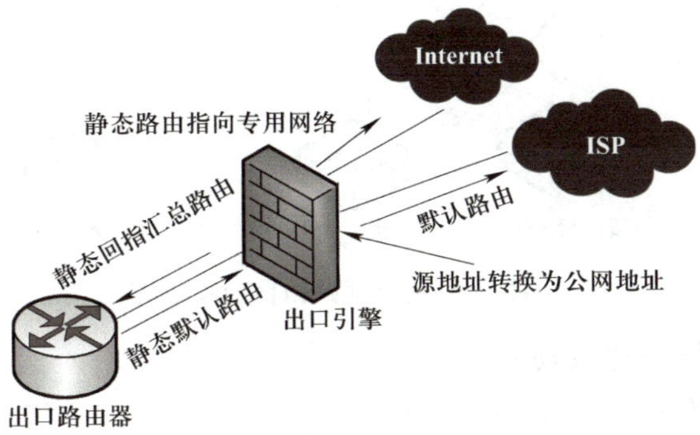

图4-8　出口路由规划图

（2）制订骨干区域路由协议规划

骨干区域包括园区网主核心S8610、办公区S8606、宿舍区S8606、生产研发区S8606和服务器区S8606交换机，骨干区域所有设备运行OSPF动态路由协议于area0中，如图4-9所示。

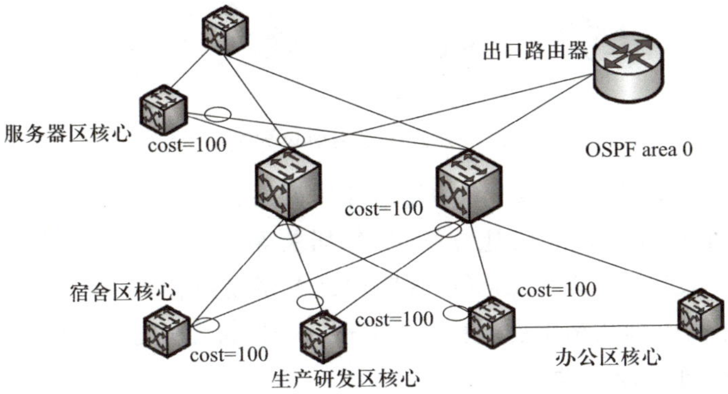

图4-9　骨干区路由协议规划图

为了降低核心交换机的压力，采用分流设计：

宿舍区和生产研发区采用核心1作为主用设备，核心2作为备份设备。

服务器区、办公区采用核心2作为主用设备，核心1作为备份设备。

在宿舍区和核心2互联端口设置ospf cost=100，服务器区、办公区和核心1互联端口设置ospf cost=100。

出口路由器通过default-information originate always将默认到防火墙的静态路由引入到ospf area 0中。

（3）制订宿舍区路由协议规划

宿舍区核心S8610和其下联的楼宇汇聚S5750规划到OSPF area 1中，同时设置成完全末梢区域（no-summary），宿舍区核心S8610只下发LSA 3的默认路由给汇聚S5750，减少楼宇汇聚路由表的大小，避免由于网络拓扑振荡导致路由表收敛问题的发生。宿舍区路由协议规划图如图4-10所示。

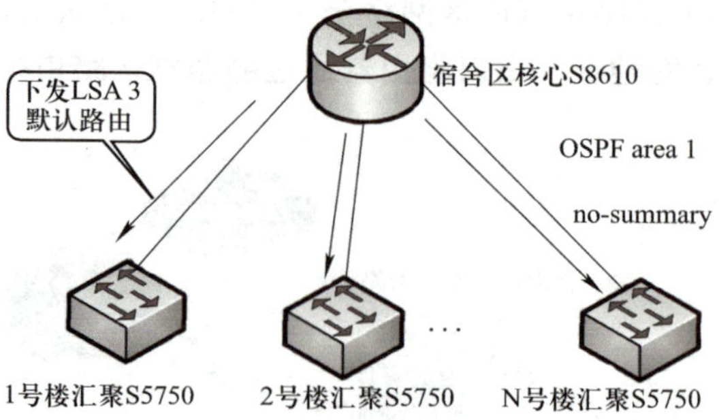

图4-10 宿舍区路由协议规划图

（4）制订办公区路由协议规划

办公区路由协议规划图如图4-11所示。

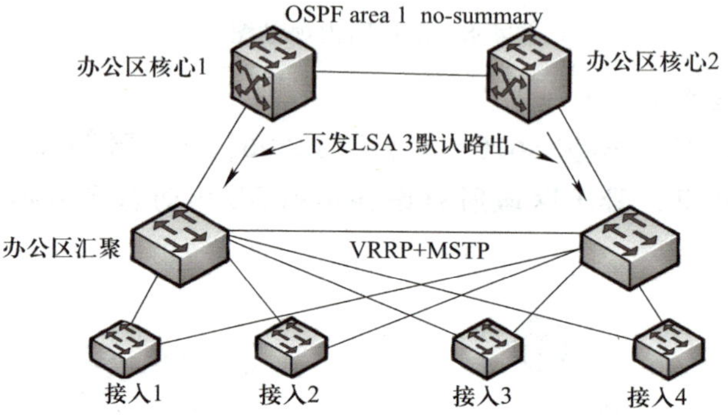

图4-11　办公区路由协议规划图

办公区两台核心之间采用OSPF area 0建立邻居关系。

办公区核心分别和其下联汇聚建立OSPF邻居关系area 1，同时设置为完全末梢区域（no-summary），下发LSA 3类的默认OSPF路由到汇聚设备。

两台汇聚设备采用trunk线路相连，和其下的接入交换机之间运行VRRP+MSTP。

接入和汇聚之间进行分流设计：

接入1、接入2采用汇聚1作为VRRP的主网关，汇聚2作为备用网关。

接入3、接入4采用汇聚2作为VRRP的主网关，汇聚1作为备用网关。

MSTP的接入1、接入2对应Vlan中的生成树协议通过优先级设置，使汇聚1作为ROOT，接入3、接入4对应vlan中的生成树中的汇聚2作为ROOT。

2. 制订网络优化设计规范

（1）制定OSPF优化设计

采用loopback地址作为OSPF的router-id。设备本地直连地址建议采用network方式进行通告，可汇总通告。三层设备间点对点互联时，将互联端口设置为no switchport，同时将接口类型设置为ip ospf network ponit-to-point。汇聚设备下联接入交换机和用户端口在ospf进程中设置成被动接口（passive-interface），防止OSPF协议报文到达用户端。

（2）设备安全管理设置

使用中/强度密码，源地址限制，只有合法的源地址才能管理设备，使用加密管理协议，禁用Telnet协议，使用SSH远程管理设备，使用SNMPv3。

（3）制订Vlan修剪规划

在汇聚交换机下联端口和接入层交换机上联trunk端口进行Vlan修剪，防止不必要的流量经过trunk线路到达其他设备，浪费线路带宽和设备资源，如图4-12所示。命令如下：

switchport trunk allowed vlan remove 2-29, 31-409

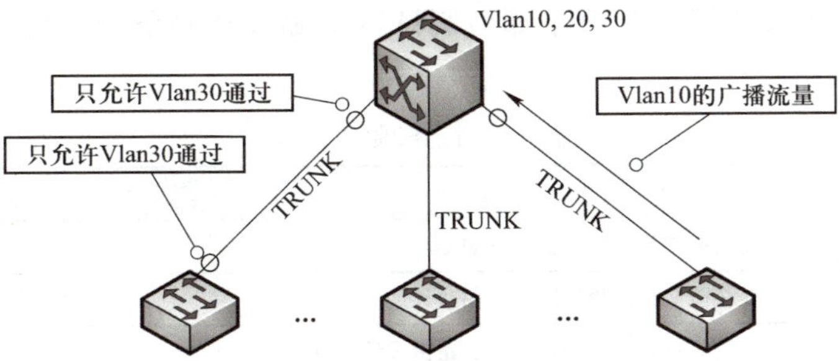

图4-12　Vlan修剪规划图

（4）RLDP防自环设计设置

RLDP防自环设计如图4-13所示。

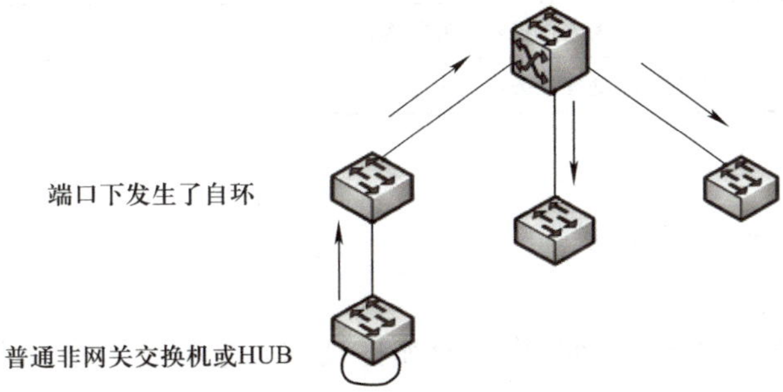

图4-13　RLDP防自环设计

若接入层交换机下联的普通交换机出现了环路，也会产生广播风暴，仅靠生成树协议是不够的，所以在实际工程中，经常在接入层交换机上开启RLDP的端口自环检查功能，防止下面的普通交换机发生环路，对网络造成危害。

（5）防范架设非法DHCP SERVER设置

接入交换机开启IP DHCP SNOOPING功能。

接入交换机连接用户端口设置成Snooping untrust。

接入交换机上联端口设置成 Snooping Trust。

（6）流控设置

在出口流控设备对用户（IP地址或者IP网段）进行上网带宽控制或者基于应用协议控制。出口流控设备示意图如图4-14所示。

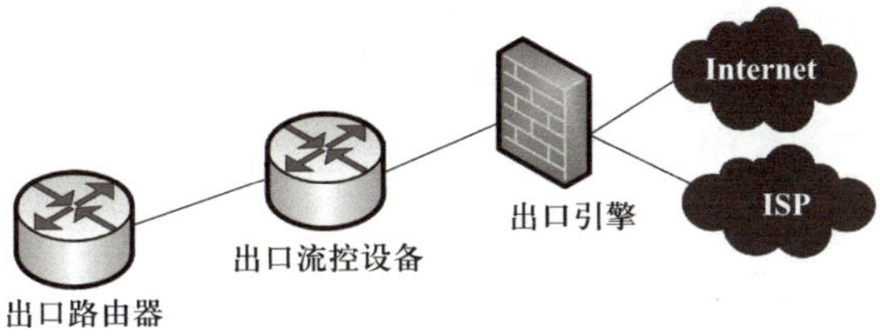

图4-14　出口流控设备示意图

任务验收

通过完成本任务，学习了对路由协议的规划、骨干区路由协议的规划、OSPF优化设计、流控设置等相关知识，学习了如何制订网络协议及安全与优化规划。任务2验收单见表4-5。

表4-5 任务2验收单

评价内容	评价项目	评价结果
制定网络协议及安全与优化规划	1. 是否能制订出口路由设计规划	是　否
	2. 是否能制订出骨干区域路由设计规划	是　否
	3. 是否能制订出其他相关区域路由设计规划	是　否
	4. 是否能对OSPF进行优化设计	是　否
	5. 是否能对流控进行设置	是　否
	6. 是否能对其他协议进行优化规划	是　否
	7. 是否能与相关人员进行良好的沟通	是　否
	8. 是否能恰当处理任务实施中遇到的问题	是　否

问题思考

在对网络进行安全与优化规划时会涉及哪些技术，它们在网络规划解决方案中起到的作用是什么？

任务3　核心交换机设备进场报验

任务描述

在设备安装调试之前，需要对安装的设备进行进程报验，其他设备报验流程如前面单元所述。本单元主要对锐捷RG-S8610核心交换机进行报验，工程施工人员需要和供货商一起完成设备现报验工作。

任务分析

根据前面单元所学内容填写完成图4-15所示的核心交换机报验工作流程。

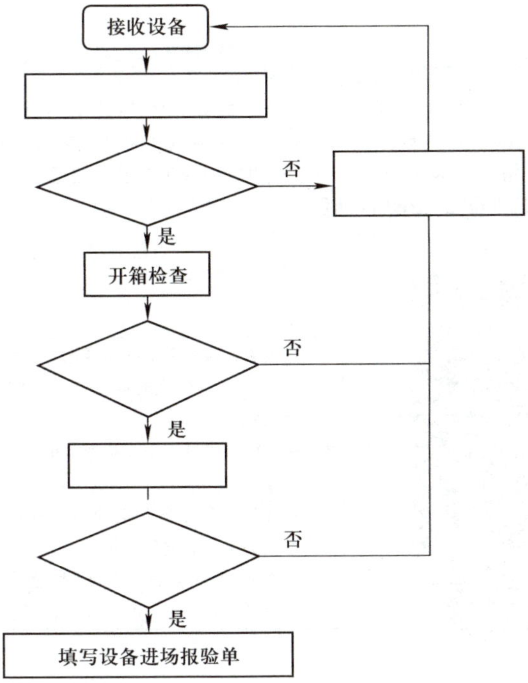

图4-15　核心交换机报验工作流程

任务实施

1．依据设备清单（见表4-6），在现场核对设备数量与型号

核对设备数量，采用对照设备清单计数的方式进行。核对设备型号，一台全新的锐捷RG-S8610交换机有完整的机箱包装箱、配件箱、模块包装箱，包装箱外贴有带设备型号的标签，核对标签上的内容即可。

表4-6　设备清单

序　　号	设 备 名 称	设备型号/规格	数　　量	供 货 厂 商	备　　注
1	锐捷路由器	RG-RSR50-40	1	XX公司	
2	锐捷交换机	RG-S8610	2	XX公司	
3	锐捷交换机	RG-S8606	6	XX公司	
4	锐捷交换机	RG-S5750	8	XX公司	
5	锐捷交换机	RG-S2652G	15	XX公司	

2．开箱检查设备是否完好，附件是否齐全

开箱后，检查设备外观是否完整，无损坏、划痕、磕碰，无使用迹象。检查附件是否齐全，如该设备所带附件有配线架防尘网、设备的拉手、风扇盘、设备电源线、螺钉等。

3．设备上电自检

锐捷RG-S8610交换机上电自检完成后，系统指示灯为绿色常亮，且可以自动进入命令行界面（见图4-16），则为自检成功，可以正常使用。

```
Ruijie>
Ruijie>
Ruijie>
Ruijie>
Ruijie>
```

图4-16　命令行界面

知识链接

RG-S8610是锐捷网络推出的面向十万兆平台设计的下一代高密度多业务IPv6核心路由交换机，满足未来以太网络的应用需求，支持下一代的以太网100G bit/s速率接口，高密度多业务IPv6核心路由交换机提供3.2T bit/s背板带宽，并支持将来更高带宽的扩展能力。网络RG-S8610交换机含有10个扩展竖插槽，支持双管理引擎模块，提供8个业务模块槽位。RG-S8610交换机外观图如图4-17 所示。

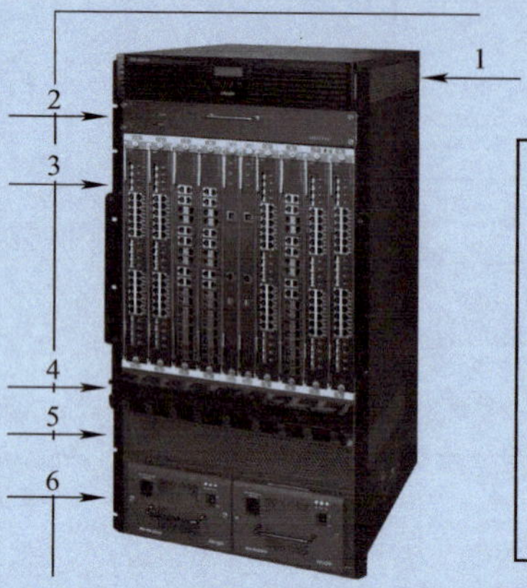

1. 出风层：整个系统的出风层，三面向外排风
2. 风扇盘：风扇盘的插槽位置，作为系统的主动散热系统
3. 模块层：提供10个模块竖插槽，可以插入不同的功能模块
4. 走线层：用于各种电缆线的整齐排列引出，同时可避免下垂线缆阻挡进风孔
5. 进风层：整个散热系统的进风通道，为向内吸风
6. 电源层：最大支持两个AC或两个DC的电源

图4-17　RG-S8610交换机外观图

4. 填写设备进场报验单

设备核对检测无误后，网络工程实施人员需要填写公司提供的设备进场报验单，并交监理工程师签字后存档。设备进场报验单见表1-5。

经验分享

当网络达到一定规模时，组网用到的网络设备型号多、数量大。这时要对每台设备进行报验，工作量会很大，可以进行抽检报验，随机选择不同型号的设备逐一进行报验。

任务验收

通过完成本任务，学习了为核心交换机设备进行进场报验。通过核对设备清单、检查设备型号等内容后，填写设备进场报验单，经监理工程师签字后存档。任务3验收单见表4-7。

表4-7　任务3验收单

评价内容	评价项目	评价结果
核心交换机设备进场报验	1. 是否能正确核对交换机的数量和型号	是　否
	2. 是否能正确开箱检查设备	是　否
	3. 是否能正确上电自检设备	是　否
	4. 是否能正确填写设备进场报验单	是　否
	5. 是否能与相关人员进行良好的沟通	是　否
	6. 是否能恰当处理任务实施中遇到的问题	是　否

问题思考

1．RG-S8600系列交换机的特点是什么？

2．RG-S8600系列有哪四款交换机？它们的主要区别是什么？

任务4　安装核心交换机到机柜

任务描述

设备报验完成后，会根据安装计划对设备进行逐一安装。本单元学习安装核心交换机到机柜，其他设备安装工作流程与步骤请参考前面单元的内容。

任务分析

安装前需要做相关的准备工作，对工程环境现场进行勘察，遵守相关的安装要求，准备好相应的安装工具和设备。安装过程中，将交换机安装到机柜后，还要安装好模块，并连接好模块线缆及配置线缆，捆扎线缆，检查安装，最后填写好工程实施硬件安装质量检查表。任务工作流程如图4-18所示。

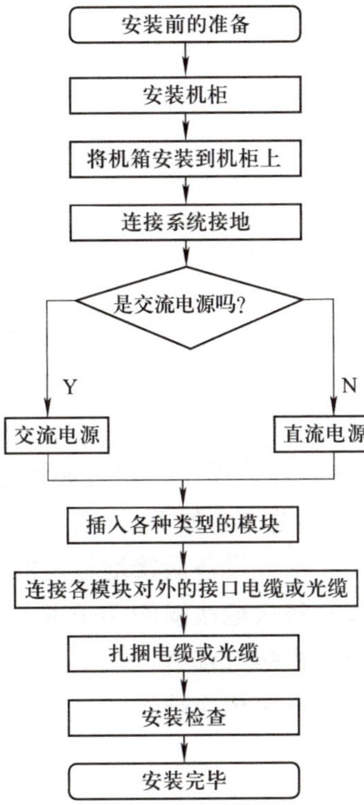

图4-18　任务工作流程

任务实施

1．准备工作

安装前除了要注意相关的安全注意事项以及满足安装环境外，还需要准备好相应的安装工具和设备。安装工具有十字螺钉旋具、防静电手腕、相关的电缆和光缆。安装前要对设备的安装位置、组网方式、供电及走线等要有周密的计划和安排。

2．安装机柜

1）在安装机柜之前要对可用空间进行规划，机柜前后门均要保留足够的维护操作空间。

2）按规划把机框安装在指定位置，并固定好。

3）安装上相应的线槽和连接线。

4）在机架上相应的位置安装托盘和起线层或安装滑道。滑道示意图如图4-19所示。

图4-19　滑道示意图

3. 将机箱安装到机柜上

1）两个人从两侧水平托起交换机，慢慢搬运到安装机框前。图4-20所示为正确搬运RG-S8610核心交换机示意图。

2）两个人水平抬起交换机到比机柜托盘或滑道略高的位置，将设备放到托盘或滑道上，插入机柜，水平推至机柜内部。

3）安装固定螺栓。

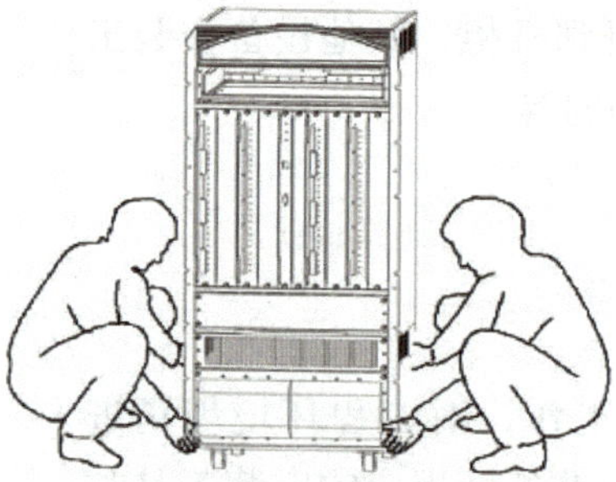

图4-20　正确搬运RG-S8610核心交换机示意图

4. 连接系统接地

接地线截面积根据可能通过的最大电流负荷决定，应采用良体导线。不能使用裸导线布放。接地方法如下：

1）松开设备后接地柱上的螺母。

2）将接地线缆的端子卡在接地柱上。

3）将螺母锁紧。

4）连接相应端子。

温馨提示

为保证人身及设备安全，必须为交换机提供良好的接地。交换机机箱与大地之间的电阻要小于1Ω。

安装维护人员应检查交流插座是否可靠地连接到建筑物保护地。如果没有，那么安装维护人员应用一根保护接地导线从交流插座保护接地端子连接到建筑物保护地。

电源插座应安装在设备附近且容易操作的位置。

设备安装时，必须确保接地连接最先接通和最后断开。

保护性接地导线截面积应至少为16mm^2（4AWG）。

5. 连接直流电源至电源模块

根据直流电源模块面板上的标识及位置要求，连接上相应的直流电源线。图4-21所示为直流电源连线示意图。

6. 连接交流电源至电源模块

根据交流电源模块面板上的标识以及位置要求，连接上相应的交流电源线。图4-22所示为交流电源线示意图。

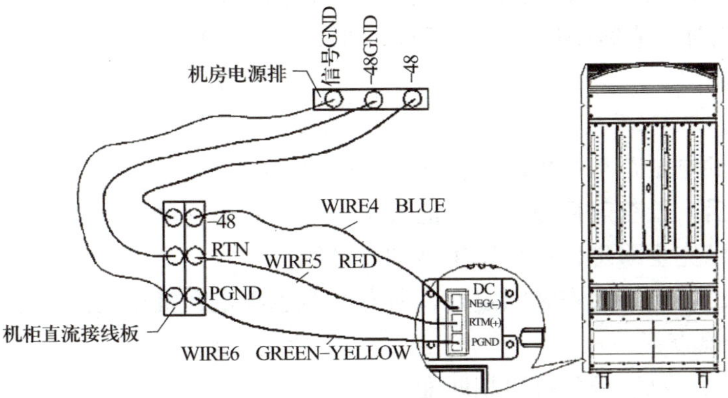

图4-21 直流电源线示意图

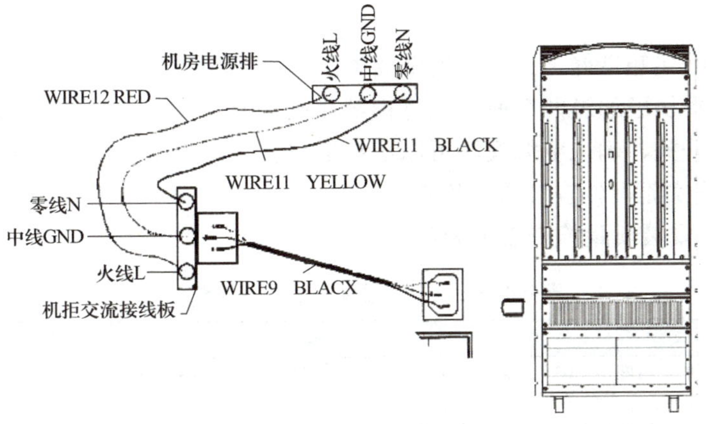

图4-22 交流电源线示意图

7. 连接各模块对外的接口电缆或光缆

1）将配置以太网电缆线的RJ-45一端连到设备板的以太网接口上，另一端连到网管或控制终端设备上，或将配置串口的标准RJ-45串口线一端连到设备板串口接口上，另一端连到网管或控制终端设备上。

2）根据线卡面板标识，将单模或多模光纤插入相应的接口，注意区分光纤的收发端。

3）根据线卡面板标识，将带RJ-45口的双绞线插入相应的接口，注意选择交叉线和直连线。

4）依次完成各板的电缆线和光纤线的连接。

8. 捆扎电缆

（1）注意事项

1）扎捆电源线和电缆线应注意美观。

2）扎捆光纤时，应使插头处的光纤线处于自然弯曲或小曲率弯曲状态。

3）扎捆光纤线和双绞线时，不能扎得太紧，以免压迫线缆，影响线缆使用寿命和传输性能。

（2）扎捆的简要步骤

将各板光纤线和双绞线的下垂部分束起，并引至机箱两侧，对RG-S8610可以通过机箱上的配线槽来引出光纤线和双绞线。

在机箱两侧，将光纤和双绞线固定于机柜理线环或槽。

捆扎计算机线时，应紧贴机箱下方延伸，并尽量保持走直线。

（3）检查安装

1）机柜检查：

① 确认外部供电是否与机柜配电盘匹配。

② 设备安装后，检查前后柜门是否能关上。

③ 确认机柜已完全固定，不会发生移动或倾倒。

④ 确认设备已在机柜内安装固定好，所有线缆也固定在机柜上。

2）线缆连接检查：

① 确认光纤线和双绞线与接口相匹配。

② 确认线缆捆扎方式正确。

（4）电源检查

1）确认电源线接触良好，并符合安全要求。

2）确认电源模块已通过两个面板螺钉锁紧在设备上。

3）打开电源开关，确认电源模块可以正常工作。

（5）填写工程实施硬件安装质量检查表

工程实施硬件安装质量检查表见表4-8。

表4-8　工程实施硬件安装质量检查表

分类	序号	检查内容	检查结果	备注
设备安装环境	1	室内：温度15~30℃、湿度40%~65%Rh，洁净度较高、抗干扰较强，能满足设备长期安全运行的需要 室外：具有附加的防雷、防雨装置，如避雷针、地桩、地网、接地排、防雨罩等		
	2	电源系统（直流、交流）保护地线正确可靠接地，机房宜采用联合接地方式，联合接地阻值≤1Ω		
	3	设备供电交流电源插座应采用有保护地线（PE）的单相三线电源插座，且保护地线（PE）可靠接地，保护地线（PE）与零线（N线）之间的电压		
	4	设备安装应远离（至少10m）产生强电磁干扰的设备（如大电流电器设备、变电站、电梯、起重设备、拖动电机、电焊机、大功率中央空调、压缩机、变频器、电气化铁路、避雷针等）		
	5	设备安装的供电线路应和干扰源设备供电线路分开		
机柜设备安装	6	机柜（机箱）安装位置正确，固定可靠，垂直偏差度小于3mm，两个以上的机柜应做并柜处理，室外安装的设备应做防水处理		
	7	机柜表面及内部应干净、无杂物		
	8	设备安装在机柜中时，柜式设备采用安装支撑件		
	9	未使用的插头（如尾纤）应进行保护处理，防止损坏和污染		
	10	机柜表面应完整，螺钉紧固，机柜内接插件和设备接触可靠		
	11	机柜的保护接地（PGND）应和机房或建筑物的联合接地体良好连接，同时机柜内所有设备要就近和机柜内联合接地体连接，接地阻值≤1Ω		

（续）

分类	序号	检查内容	检查结果	备注
电源接入	12	电源线和地线应采用整段铜芯材料，中间不能有接头，外皮无损伤，线径可满足设备配电要求，严禁随意选取过细电缆、铝芯电缆等导电不良电缆，不得私自改造电源线插头，如将标准的16A插头换为10A或15A的插头，电源线应该根据产品要求选择对应的插座		
	13	应使用随设备配发的电源线和接地线，电源线和地线连接正确可靠、接触良好，走线应平直，绑扎整齐，转弯处留适当余量，避免过短过长		
	14	对于多电源供电设备，每一个电源应单独接一路电		
	15	电源线、地线和信号线分开布放，不能靠得太近，更不能绑扎在一起，两者之间的距离尽量大于30cm		
信号电缆布放	16	信号电缆的布放应横平竖直、不交叉（出机柜1m内允许交叉），转弯处留适当余量，电缆绑扎正确、间距均匀整齐、松紧适度，户内与户外线缆应分开布线，两者间距大于30cm		
	17	信号电缆无破损、无断裂、无中间接头		
	18	在电缆需要弯曲时，需在电缆进行弯曲前进行绑扎，但线扣不能绑扎在弯曲的区域内，以免在电缆中产生较大的应力使电缆芯线断裂		
	19	扎带扎好后，应将多余部分齐根平滑剪齐，在接头处不得留有尖刺		
	20	信号电缆不能布放于散热网孔上，不能阻挡设备的散热通风通道		
	21	尾纤机柜外布放时，不应有其他电缆或物品挤压，并加装保护套管或槽道，机柜内尾纤应留有足够的余量，避免拉伸弯曲过度		
	22	客户提供的配线设备可靠接地信号线不应在楼宇间架空走线，户外电缆进入室内应采取外套铁管，相应端口加装信号防雷器、电缆屏蔽层可靠接地等防护措施		
其他	23	设备标签应清晰、准确，尽量张贴在设备正面明显处或设备面板上，不能张贴在单板、风扇等部件上		
	24	信号线、电源线标签位置整齐、朝向一致、粘贴可靠，标识正确、清晰，建议标签粘贴在距插头2cm左右处		

任务验收

通过完成本任务，学习了如何将交换机安装到机柜。通过安装前的准备工作、安装机箱到机柜、连接模块线及配置线缆等内容填写工程实施硬件安装质量检查表，经监理工程师签字后存档。任务4验收单见表4-9。

表4-9　任务4验收单

评价内容	评价项目	评价结果
安装核心交换机到机柜	1．是否能正确进行安装前的准备	是　否
	2．是否能正确安装机箱到机柜	是　否
	3．是否能正确连接各模块对外的接口电缆或光缆并进行安装后的检查	是　否
	4．是否能正确填写工程实施硬件质量检查表	是　否
	5．是否能与相关人员进行良好的沟通	是　否
	6．是否能恰当处理任务实施中遇到的问题	是　否

任务5 远距离光纤网络连接

任务描述

根据实施计划，办公楼通过光纤接入园区网络中心，并且已经敷设好光缆。接下来Sunny需要进行光缆的端接和互联，实现办公楼与整体园区网络的互联互通。办公区核心网络拓扑图如图4-23所示。

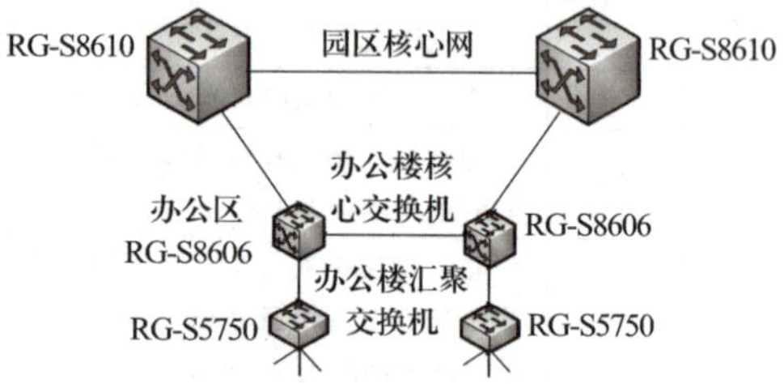

图4-23 办公区核心网络拓扑图

任务分析

楼宇间使用光纤进行网络连接，在综合布线和光缆的敷设完成之后，需进行工作区信息模块的打接以及电信间和设备间的光纤接续或端接，并在每个链路上至少安装两个接插件、4个插头，还需借助跳线将每段链路完整地连接在一起，才能实现园区网络的通信。

知识链接

光缆连接是综合布线系统工程中极为重要的施工项目，按其连接类型可分为光缆接续和光缆终端两类。光缆连接的施工内容应包括光纤接续，铜导线、金属护层和加强芯的连接，接头损耗测量，接头套管（盒）的封合安装以及光缆接头保护措施的安装等。

任务实施

1. 光纤接续施工

本次施工采用常用的熔接法进行光纤接续。通常使用光纤熔接机（见图4-24）进行光纤间的直接接续。

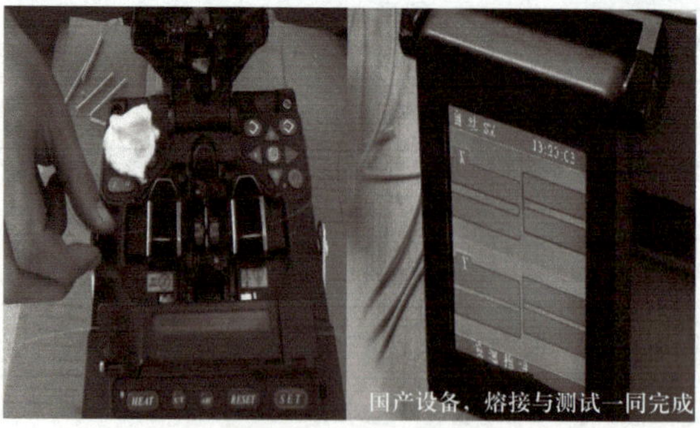

图4-24 光纤熔接机

（1）准备好相应工具（见图4-25）和材料

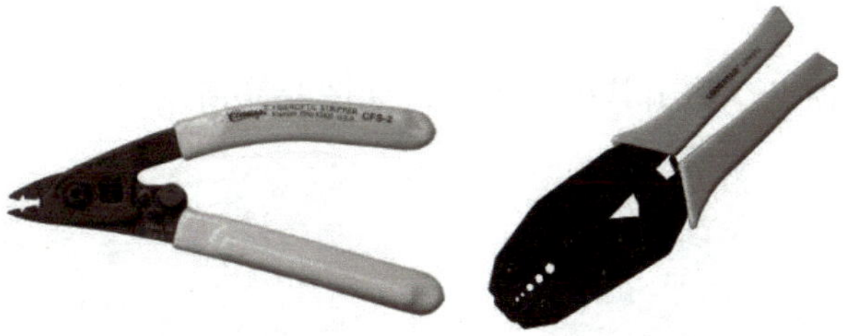

图4-25　光纤剥离钳和光纤连接器压接钳

（2）安装工作

将户外接来的用黑色保护外皮包裹的光缆从光缆接续盒、光纤配线架、光缆配线箱等的后方接口放入光纤收容箱中，如图4-26所示。

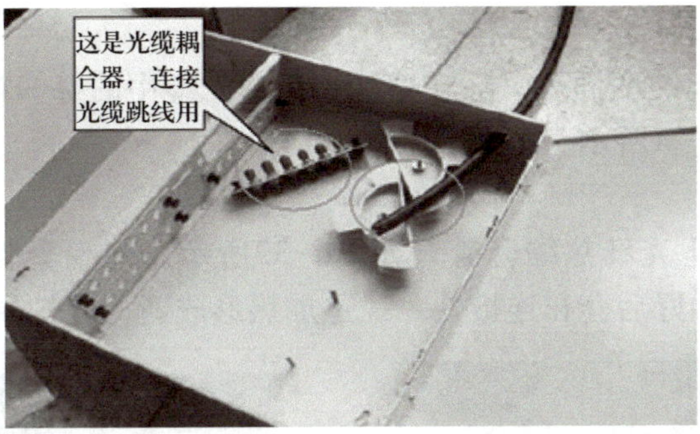

图4-26　光缆接入光纤收容箱

（3）去皮工作

1）使用光缆专用开剥工具（偏口钳或钢丝钳）剥开光缆加固钢丝，将光缆外护套开剥1m左右，如图4-27所示。

2）剥开另一侧的光缆加固钢丝，然后将两侧的加固钢丝剪掉，只保留10cm左右。

3）剥除光纤外皮1m左右，即剥至剥开的加固钢丝附近。

4）用美工刀在光纤金属保护层上轻轻刻痕，如图4-28所示。折弯光纤金属保护层并使其断裂，折弯角度不能大于45°，以免损伤其中的光纤。

图4-27　剥开光缆外护套

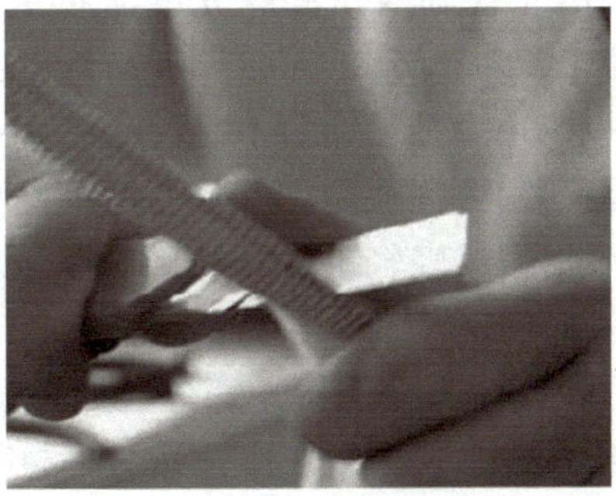

图4-28　用美工刀在金属保护层上刻痕

5）用美工刀在塑料保护管四周轻轻刻痕（见图4-29），以免损伤光纤，也可以使用光纤剥线钳完成该操作。轻轻折弯塑料保护管并使其断裂，同样折弯角度不能大于45°，以免损伤其中的光纤。

6）将塑料管轻轻抽出，露出其中的光纤，如图4-30所示。

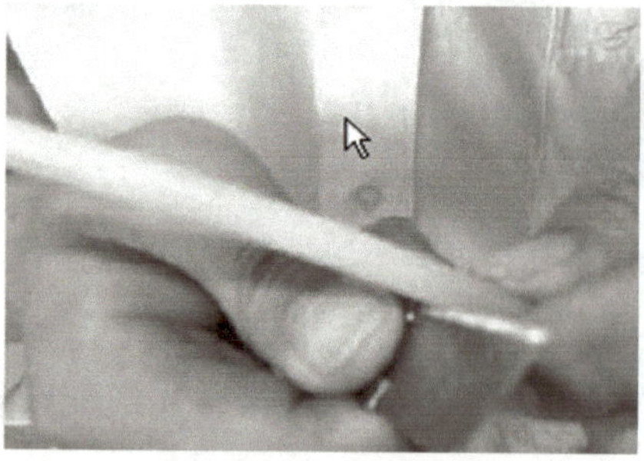

图4-29　用美工刀在塑料保护管四周刻痕

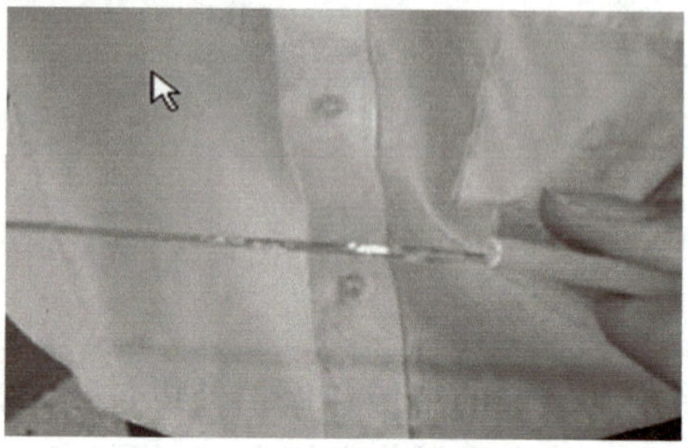

图4-30　抽出塑料保护管

（4）清洁工作

用较好的纸巾沾上高纯度酒精，轻轻擦拭和清洁光缆中的每一根光纤，去除所有附着于光纤上的油脂，如图4-31所示。

（5）套接工作

为要熔接的光纤套上光纤热缩套管，如图4-32所示。热缩套管（管内有一根不锈钢棒）主要用于在光纤对接好后套在连接处，经过加热形成新的保护层。

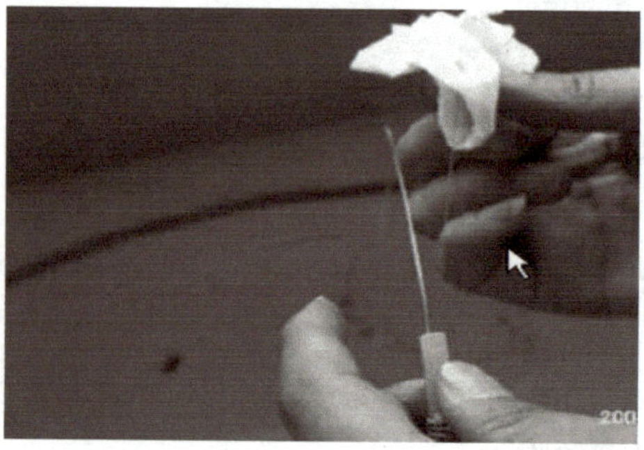

图4-31　清洁光纤

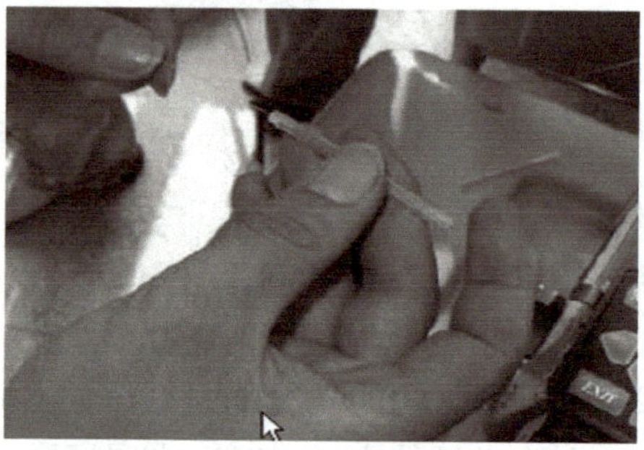

图4-32　套接光纤热缩套管

（6）熔接工作

1）使用光纤剥线钳剥除光纤涂覆层，如图4-33所示。剥除光纤涂覆层时，要掌握平、稳、快三字剥纤法。“平”即持纤要平，左手拇指和食指捏紧光纤，使之成水平状，所露长度以5cm为准，余纤在无名指、小拇指之间自然打弯，以增加力度，防止打滑。“稳”即剥纤钳要握得稳。“快”即剥纤要快。剥线钳应与光纤垂直，向上方内倾斜一定角度，然后用钳口轻轻卡住光纤，右手随之用力，顺光纤轴平向推出去，整个过程要自然流畅，一气呵成。

2）用蘸酒精的纸巾将光纤外表面擦拭干净。注意观察光纤剥除部分的涂覆层是否全部去除，若有残余则必须去掉，如图4-34所示。

3）用光纤切割器切割光纤，使其拥有平整的断面，如图4-35所示。切割的长度要适中，保留2～3cm。光纤端面切割是光纤接续中的关键工序。它要求处理后的端面平整、无毛刺、无缺损，且与轴线垂直，呈现一个光滑平整的镜面区，并保持清洁，避免灰尘污染。光纤端面切割有三种方法：刻痕法、切割钳法和超声波电动切割法。

4）将切割好的光纤置于光纤熔接机的一侧，并在光纤熔接机上固定好该光纤，如图4-36所示。

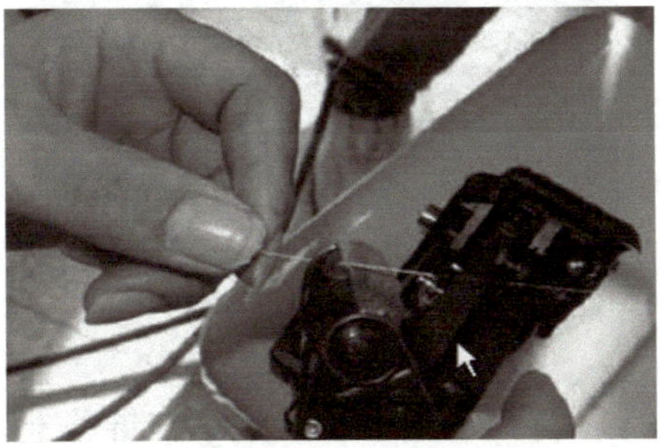

图4-33　剥除光纤涂覆层

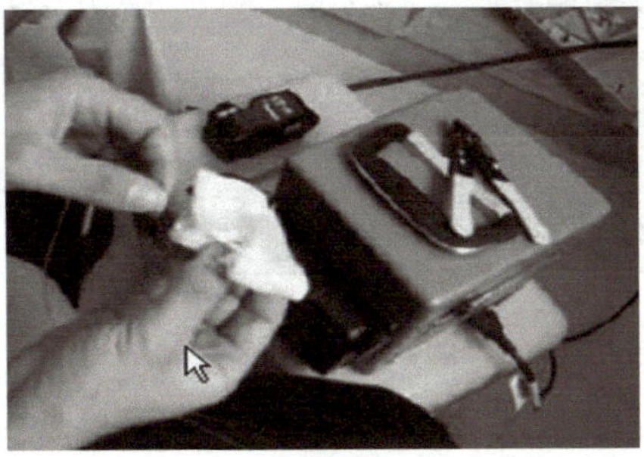

图4-34　去除光纤涂覆层

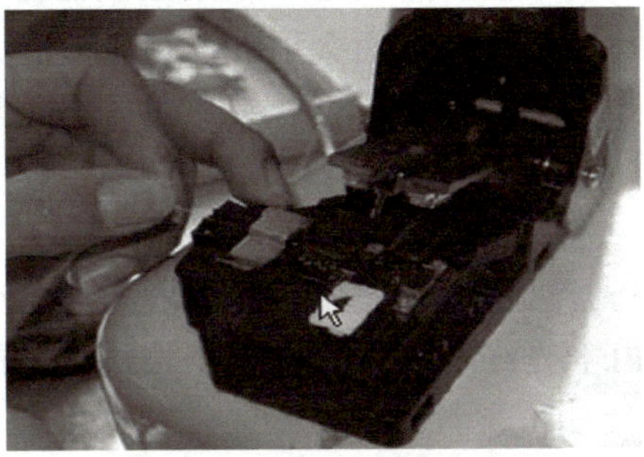

图4-35　用光纤切割器切割光纤

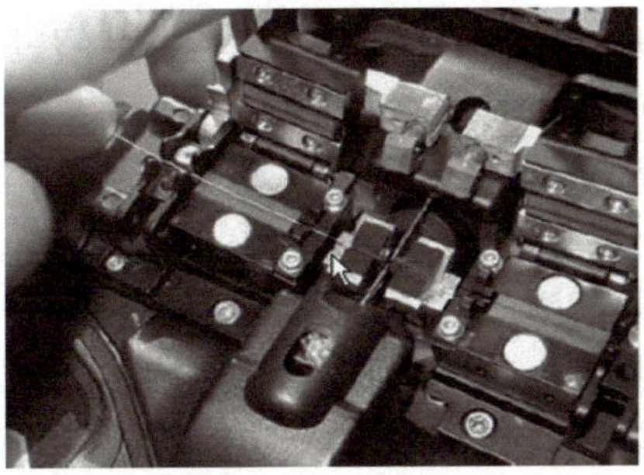

图4-36　固定光纤

5）如果没有成品尾纤（见图4-37所示），则可以取一根与光缆同种型号的光纤跳线，从中间剪断作为尾纤使用。注意：光纤连接器类型一定要与光纤终端盒的光纤适配器相匹配。

6）使用剪刀剪除光纤跳线的石棉保护层，如图4-38所示。

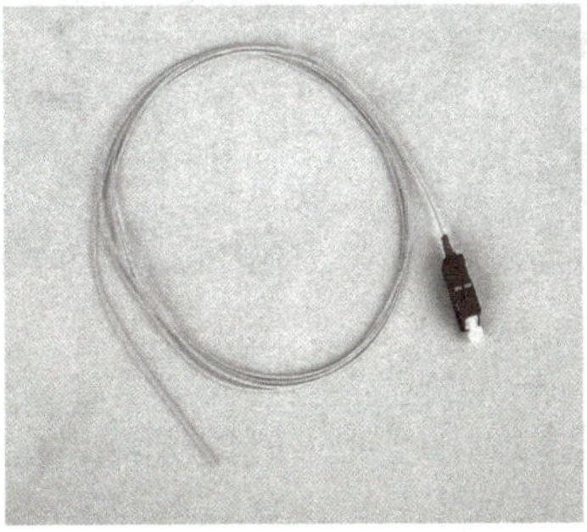

图4-37　尾纤

图4-38　剪除光纤跳线的石棉保护层

7）用蘸酒精的纸巾将光纤尾纤中的光纤外表面擦拭干净。

8）使用光纤切割器切割光纤尾纤，保留2～3cm。

9）将切割好的尾纤置于光纤熔接机的另一侧，并使两条光纤尽量对齐，如图4-39所示。

10）在光纤熔接机上固定好尾纤，如图4-40所示。

图4-39 对齐光纤

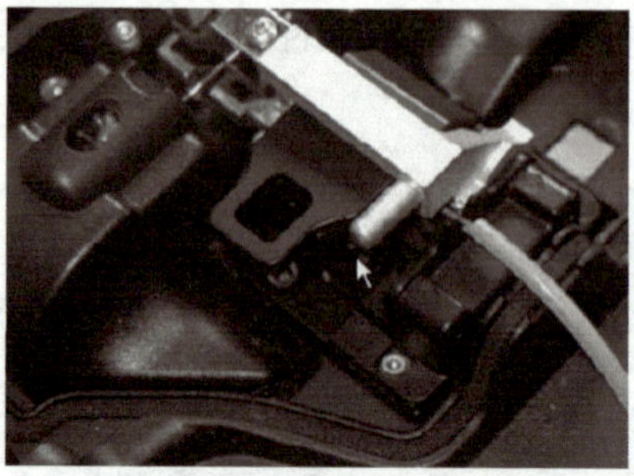

图4-40 固定尾纤

11）按<Set>键开始光纤熔接，两条光纤的x、y轴将自动调节，并显示在屏幕上。熔接结束后，观察损耗值。若熔接不成功，则光纤熔接机会显示具体原因。熔接好的接续点损耗一般低于0.05dB以下就认可为合格。若高于0.05dB以上，则可按手动熔接按钮再熔接一次。一般熔接次数1或2次为最佳，若超过3次，则熔接损耗反而会增加，这时应断开重新熔接，直至达到标准要求为止。如果熔接失败，则可以重新剥除两侧光纤的绝缘包层并切割，然后重新熔接。

（7）包装工作

1）熔接测试通过后，用光纤热缩管完全套住剥掉绝缘包层的部分，如图4-41所示。

2）将套好热缩套管的光纤放到加热器中。由于光纤在连接时去掉了接续部位的涂覆层，使其机械强度降低，一般要用热缩套管对接续部位进行加强保护。将预先穿置光纤某一端的热缩套管移至光纤连接处，使熔接点位于热缩管中间，轻轻拉直光纤接头，放入光纤熔接机的加热器内加热，如图4-42所示。

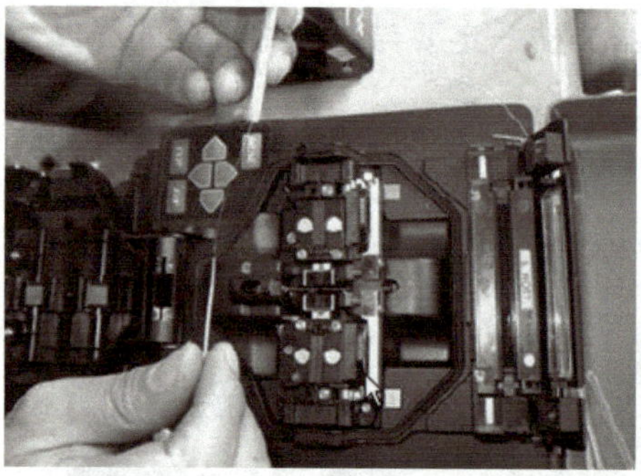

图4-41 光纤热缩管套住熔接口

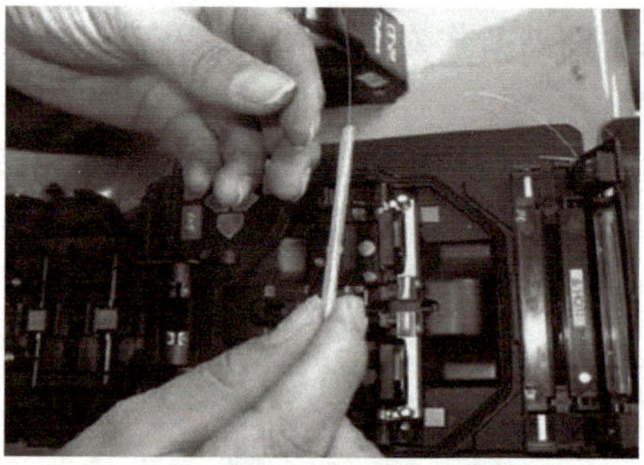

图4-42 加热器加热套管

3）按<HEAT>键开始对热缩管进行加热。稍等片刻，取出已加热好的光纤，如图4-43所示。

上述过程是熔接一芯光纤的过程。重复上述操作过程，直至该光缆中所有光纤全部熔接完成，然后进行光纤的固定工作。

4）将已熔接好的热缩管置于光缆终端盒的固定槽中。

5）在光缆终端盒将光纤盘好，并用不干胶纸进行固定。同时将加固钢丝折弯且与光缆终端盒固定，并使用尼龙轧带进一步加固，如图4-44所示。

6）将光纤插接器一一置入光纤终端盒的适配器中并固定，如图4-45所示。

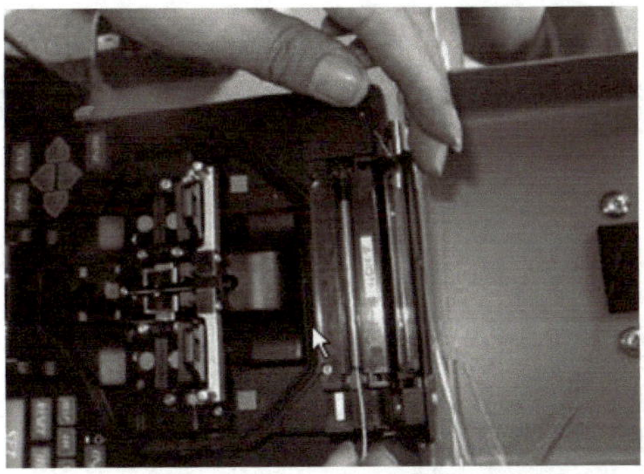

图4-43　取出已加热好的光纤

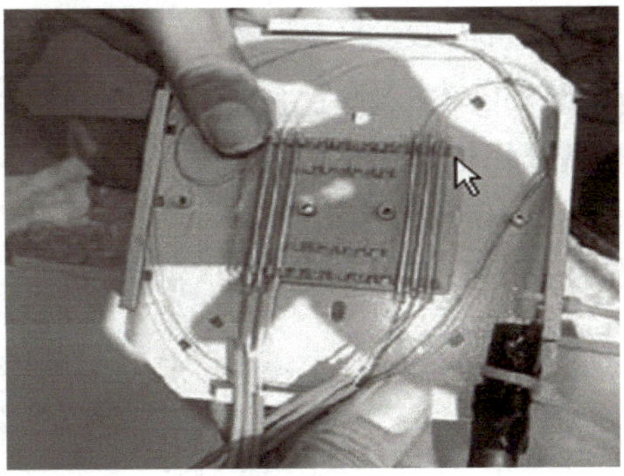

图4-44　盘好光纤

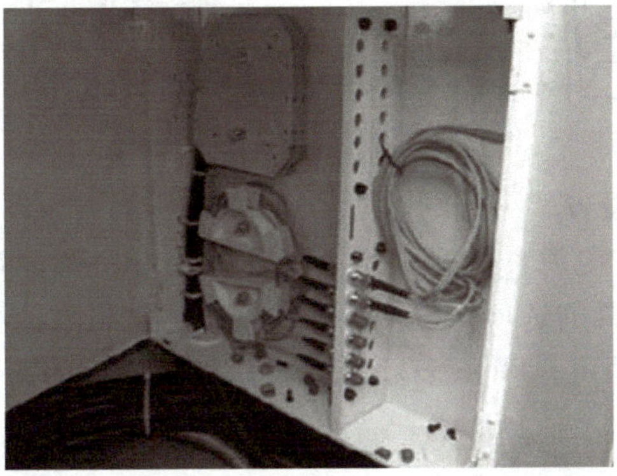

图4-45　固定光纤连接器

7）将光缆终端盒用螺钉封好，并固定于机柜。

2. 光纤终端连接

光缆终端一般都是在设备上或专制的终端盒，在设备上是利用其装设的连接硬件（如耦合器、适配器等器件）使光纤互相连接。光纤终端盒如图4-46所示。

综合布线系统的光缆终端一般都是在设备上或专制的终端盒，在设备上是利用其装设的连接硬件（如耦合器、适配器等器件）使光纤互相连接。终端盒采用光缆尾纤与盒内的光纤连接器连接。这些光纤连接方式都是采用活动接续，分为光纤交叉连接（又称光纤跳接）和光纤互连（又称光纤对接）两种。光纤收发器和光纤跳线如图4-47所示。

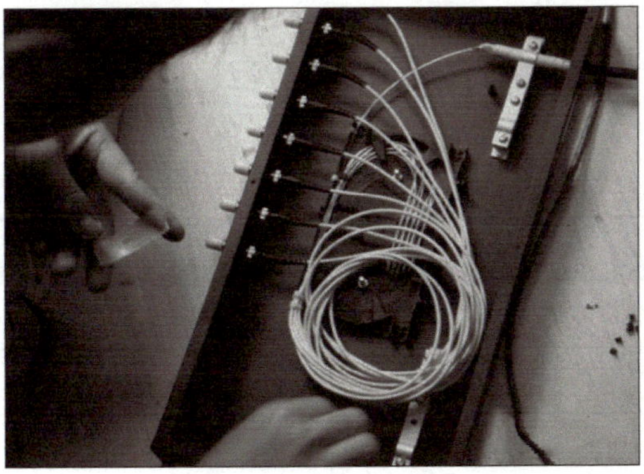

图4-46　光纤终端盒

不同头的光纤跳线可以配合不同规格的光收发器使用

图4-47　光纤收发器和光纤跳线

3. 光纤链路连通性测试

使用Fluke DTX测试仪测试光纤链路时，必须配置光纤链路测试模块，并根据光纤链路的类型选择单模或多模模块。

(1) 光纤链路连接

按照图4-48连接Fluke DTX测试仪。

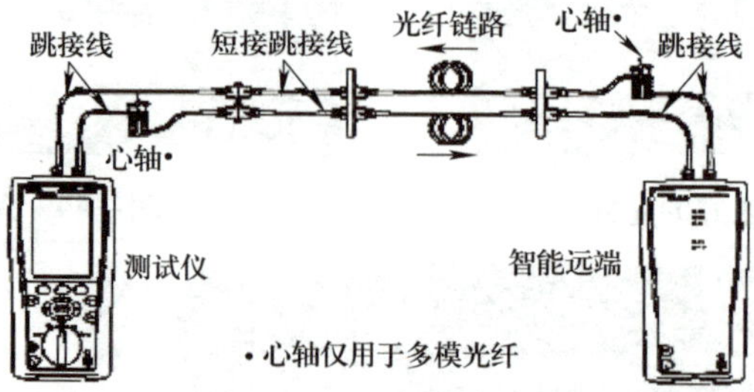

图4-48　用卷轴测试多模光纤

(2) 测试仪光纤参数设置

开启Fluke DTX测试仪电源，将旋转开关调节至Setup位置，并选择“光纤”选项。按<Enter>键即可查看需要设置的选项，包括光纤类型、测试极限值和远端端点设置三项。按照默认顺序依次进行设置即可。Fluke DTX光纤链路测试模块如图4-49所示。

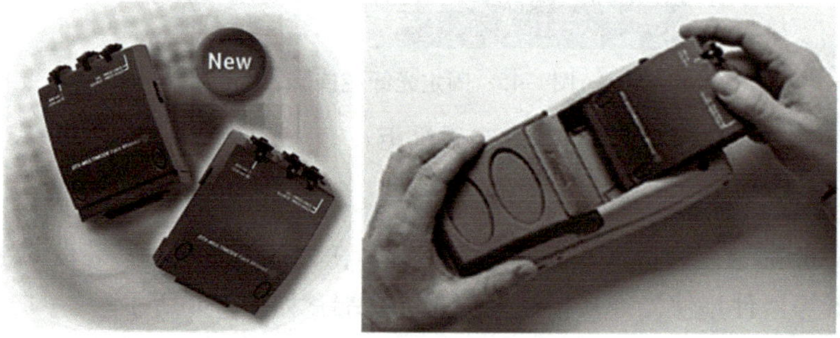

图4-49　Fluke DTX光纤链路测试模块

任务验收

通过完成本任务，了解了远距离光纤网络连接的基本步骤，学习了光纤连接相关设备和工具的使用。任务5验收单见表4-10。

表4-10　任务5验收单

评价内容	评价项目	评价结果
远距离光纤网络连接	1. 是否能正确了解光纤网络连接的基本步骤	是　否
	2. 是否能正确进行光纤熔接施工	是　否
	3. 是否能正确进行光纤端接	是　否
	4. 是否能正确对光纤连通性进行测试	是　否

任务拓展

参观企事业单位或学校网络中心，观察网络中心机房光纤配线架的整理。

任务6　接入层与汇聚层设备配置与调试

任务描述

在宿舍1区进行配置时，客户希望各楼层学生宿舍之间能互访，实现资源共享，场景如图4-50所示。如果李强此时要下载张磊PC上的电影，那么要如何进行网络配置，接入层与汇聚层的设备的配置是如何的？

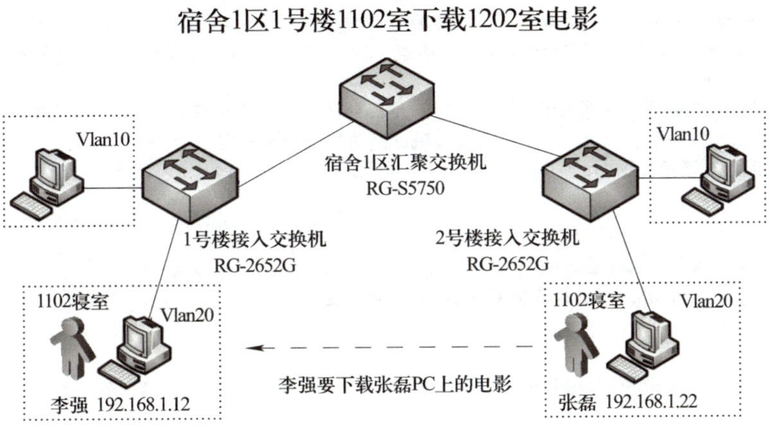

图4-50　场景描述

任务分析

根据前面所学知识知道，要实现图4-50中的楼层1和楼层2之间的数据通信，可以在接入层划分Vlan，在接入层和汇聚层之间连接配置trunk接口，对汇聚层交换机配置SVI。

任务实施

1．划分Vlan，创建Vlan10，将它命名为manage

```
Switch(config)# vlan 10
Switch(config-vlan)# name test
```

2．将接口f0/10划分到Vlan10

```
Switch(config)# interface fastethernet 0/10
Switch(config-if)# switchport access vlan 10
```

3. 将一组接口加入另一个Vlan

```
Switch(config)#interface range fastethernet 0/1 - 8，0/15，0/20
Switch(config-if-range)# switchport access vlan 20
```

温馨提示

连续接口 0/1-8，不连续接口用逗号隔开，但一定要写明模块编号。锐捷交换机接口默认为access，所以可以不用配switchport mode access指定为access口。

4. 配置trunk，将连接交换机的接口配置为trunk

```
Switch(config)# interface fastethernet0/1
Switch(config-if)# switchport mode trunk
```

知识链接

Trunk接口常用于设备级联，承载tag帧（标准以太网帧中增加了一个tag字段，用于标识Vlan信息，也称tag帧），默认情况下trunk能够承载交换机上所有标记vlan tag的数据。Trunk 端口同时可以承载带vlan tag和不带tag的数据帧，也可以同时承载多个vlan tag。

当trunk口收到带tag的帧后，查看接口是否允许该vlan tag通过，如果允许则接收，否则直接丢弃该帧。当从trunk接口发送出去时，会标记这个tag，以使其他交换机识别该数据帧属于哪一个vlan，这样其他交换机收到这样一个数据帧后，会将该数据帧转发到标记中指定的vlan，从而完成跨越交换机vlan传输数据。

5. 定义trunk的许可列表，把端口f0/20 配置为trunk端口，但是不包含Vlan 2

```
Switch(config)# interface fastethernet 0/20
Switch(config-if)# switchport trunk allowed vlan remove 2
```

6. 配置native vlan

```
Switch(config-if)# switchport  trunk native vlan 20
```

知识链接

所谓Native vlan，也叫默认vlan，在某个接口上收发的不带标签的untag报文，都被认为是属于这个Vlan的。

一个tag帧经过trunk口时，如果tag vlan与trunk口的Native vlan相同，则会剥去tag标记，如图4-51所示。

所有的帧在trunk中都是打上标记的，也就是有tag字段。如果帧在进入trunk以前已经打上标记了，如Vlan20的标记，并且trunk又允许Vlan 20通过，则该帧通过，反之丢弃。如果帧在进入trunk时是没有标记的，那么trunk就会给它打上native vlan的标记，该帧在trunk中就以native vlan的身份传输。

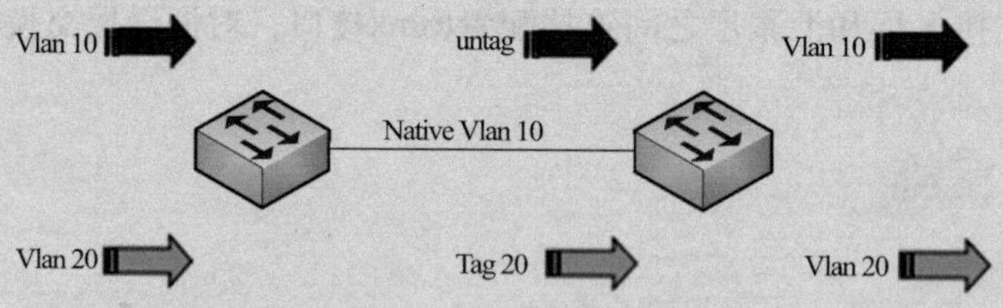

图4-51　native vlan与tag vlan

温馨提示

在配置trunk接口时，确保连接链路两端的trunk口属于相同的native Vlan。

7．验证配置信息

Show vlan显示当前交换机存在的Vlan、Vlan信息及Vlan包含的接口，如图4-52所示。

```
Switch# show vlan
   VLAN Name      Status   Ports
   ----  -----    -----    --------
   1    detaut    active   Fa0/1, Fa0/2, Fa0/3, Fa0/4,
                           Fa0/5, Fa0/6, Fa0/7, Fa0/8,
                           Fa0/9, Fa0/10, Fa0/11, Fa0/12,
                           Fa0/13, Fa0/18, Fa0/19, Fa0/20,
                           Fa0/21, Fa0/22
   4    VLN0004   active   Fa0/14, Fa0/15, Fa0/16, Fa0/17, Fa0/20
   5    VLN0005   active   Fa0/20, Fa0/23, Fa0/24
  Switch# show interfaces fastethernet0/20 switchport
  Interface Switchport Mode Access Native Protected VLAN  llsts
  ------  -----  -----  ----------  -----  ------
Fa0/20  Enabled  Trunk  1   1   Enabled   1,3-4094
```

图4-52　Vlan信息显示

8．汇聚层交换配置

Vlan隔离了Vlan之间的任何流量，分属于不同Vlan的用户不能互相通信。

将Vlan和IP子网对应，使用三层转发技术，通过路由将报文从一个Vlan转发到另外一个Vlan。

交换机上分别创建每个Vlan的SVI接口：

```
Switch(config)# interface vlan vlan-id
```

在每个SVI上配置IP地址，作为对应Vlan内主机的网关：

```
Switch(config-if)# ip address ip-address mask
```

在交换机内部利用路由功能解决Vlan间通信，下联楼层接入口配置为trunk：

```
Switch(config-if)#switchport mode trunk
```

任务验收

通过完成本任务，学习了trunk相关知识及配置，学习了综合应用命令对接入层与汇聚层设备进行配置与调试。任务6验收单见表4-11。

表4-11　任务6验收单

评 价 内 容	评 价 项 目	评 价 结 果
接入层与汇聚层设备配置与调试	1．是否能正确理解trunk的相关概念	是　否
	2．是否能正确对trunk进行配置与调试	是　否
	3．是否能正确理解三层交换的基本原理	是　否
	4．是否能正确对三层交换进行配置	是　否
	5．是否能与相关人员进行良好的沟通	是　否
	6．是否能恰当处理任务实施中遇到的问题	是　否

任务拓展

请完成本项目办公区和生产研发区接入层和汇聚层设备的配置与调试。

任务7　核心层设备稳定可靠性配置与调试

任务描述

办公楼网络是较重要的区域，必须要考虑网络的可靠性。在这个区域的网络规划中，接入与汇聚之间提供了接入层的冗余上联接入。图4-53所示的阴影区域中的这三台设备存在以下两个问题需要解决：①构成了一个二层环路，这种环路结构是否存在问题？如何解决？②两台S5750如何提供网关的冗余？请解决上述问题。

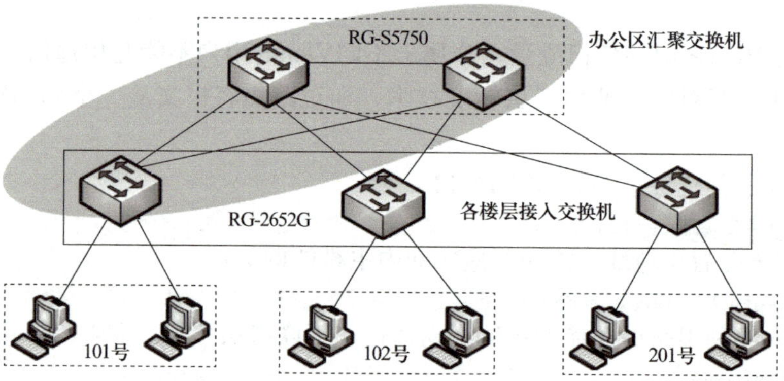

图4-53　办公区网络规划

任务分析

要进行核心层网络设备稳定性配置，解决环路和冗余备份问题，可进行多生成树和VRRP组合应用。先制订网络规划方案，然后对核心层网络设备进行生成树和VRRP配置，最后完成检查和调试。

知识链接

1．生成树STP

在网桥之间传递特殊的消息（配置消息BPDU），包含足够的信息做以下工作：

从网络中的所有网桥中选出一个作为根网桥（Root）；计算本网桥到根网桥的最短路径；对每个LAN，选出离根桥最近的那个网桥作为指定网桥，负责所在LAN上的数据转发；网桥选择一个根端口，该端口给出的路径是此网桥到根桥的最佳路径；选择除根端口之外的包含于生成树上的端口（指定端口）。

2．RSTP

RSTP（Rapid Spanning-Tree Protocol，快速生成树协议）是从生成树协议发展而来的，实现的基本思想一致。

3．多生成树协议（Multiple Spanning Tree Protocol）

经过对802.1s的几番修订，提出了Vlan和生成树之间的“映射”思想：一个或若干个Vlan可以映射到同一棵生成树，但是每个Vlan只能在一棵生成树里；一个交换机可以跑多个生成树，为了区分，每一个生成树称为一个MSTI（多生成树实例）。

4．VRRP组（VRID）

VRRP组：由多个VRRP路由器组成，属于同一个VRRP组的VRRP路由器互相交换信息。虚拟路由器：对于每一个VRRP组，抽象出来的一个逻辑路由器，该路由器充当网络用户的网关。

同一VRRP 组中的VRRP 路由器，VRRP 组通告发送间隔（timer advertise）必须配置成一样的参数。实际使用中一般采用默认值1s。如果环境有可能产生收帧延迟导致VRRP 振荡，则可以适当延长通告发送间隔，如设置成2s。这样就将VRRP 振荡时间扩大到6s，减小VRRP 振荡的发生。

如果VRRP 组比较多（如双核心应用环境中有30 个左右的VRRP 组），且都配置为其中一台设备为主路由器设备，在通告定时器超时时，主路由器设同时发出30 个VRRP 通告报文，备份路由器的CPU 则要同时接收30 个VRRP 通告报文。为了避免同一个时刻大量收发VRRP 报文造成对CPU 冲击，建议修改不同VRRP 组的通告发送间隔，如50%VRRP 组的通告发送间隔设置成1s，50%设置成2s。

VRRP 开启监控主设备上行链路的接口功能，参与同一个VRRP 组的接口，VRRP master 选举工作模式应该设置成一样，要么都为抢占模式，要么都设置为非抢占模式。

任务实施

1．制订MSTP+VRRP配置方案

制订方案如下：S5750对应SVI接口运行VRRP。对奇数用户Vlan（Vlan 1，3，5，7，9），左边的S5750为master主路由器，转发奇数用户数据。对偶数用户Vlan（Vlan 2，4，6，8，10），右边的S5750为master主路由器，转发偶数用户数据。

Master主路由器设置优先级为254，backup路由器优先级采用默认值：100。

S5750与S2652上MSTP设置3个vlan－instance对应关系，域名和域修正值采用默认设置。奇数用户vlan对应到instance 1，偶数用户vlan对应到instance 2。其他vlan对应到instance 0。instance 0和instance 1，左边的S5750作为根桥，instance 2，右边的S5750作为根桥。根桥设置MSTP优先级为4096，备份根桥设置MSTP优先级8192。

接入层S2652，在连接用户的端口上启用BPDU FILTER功能，直接过滤BPDU报文。

2．S5750-1相关配置

```
  spanning-tree
 spanning-tree mst configuration
 instance 1 vlan 1,3,5,7,9
 instance 2 vlan 2,4,6,8,10
 name test
 revision 1
 spanning-tree mst 0 priority 4096
 spanning-tree mst 1 priority 4096 （设置S57-1的实例1优先级最高，手动指定实例1的根桥为S S57-1）
 spanning-tree mst 2 priority 8192
   interface FastEthernet 0/1
  switchport mode trunk
```

```
  interface FastEthernet 0/2
 switchport mode trunk
  interface Vlan 1 （设置S S57-1上Vlan10的VRRP的优先级为254，高于默认的100）
 ip address 192.168.10.253  255.255.255.0
standby 10 ip 192.168.10.254
standby 10 priority 254
  interface Vlan 2
 ip address 192.168.20.253 255.255.255.0
 standby 20 ip 192.168.20.254
```

3. S5750-2相关配置

```
  spanning-tree
spanning-tree mst configuration
instance 1 vlan 1,3,5,7,9
instance 2 vlan 2,4,6,8,10
name test
revision 1
spanning-tree mst 0 priority 8192
spanning-tree mst 1 priority 8192
spanning-tree mst 2 priority 4096 （设置S57-2的实例2优先级最高，手动指定实例2的根桥为S S57-2）
  interface FastEthernet 0/1
 switchport mode trunk
  interface FastEthernet 0/2
 switchport mode trunk
  interface Vlan 1
  ip address 192.168.10.252 255.255.255.0
vrrp  10 ip 192.168.10.254
  interface Vlan 2 （设置S57-2上Vlan20的VRRP的优先级为254，高于默认的100）
ip address 192.168.20.252 255.255.255.0
  vrrp  20 ip 192.168.20.254
  vrrp  20 priority 254
```

4. S2652相关配置

```
  spanning-tree
  spanning-tree mst configuration
instance 1 vlan 1,3,5,7,9
instance 2 vlan 2,4,6,8,10
name test
revision 1
  interface fastEthernet 0/1
switchport mode trunk
  interface fastEthernet 0/2
 switchport mode trunk
  interface FastEthernet 0/3
  spanning-tree portfast
  spanning-tree bpdufilter enable
```

5. 生成树协议状态检查

实例1的根桥在S5750-1上，实例2的根桥在S5750-2上。

```
S5750-1# sh spanning-tree mst 1      （S57-1生成树检查）
###### MST 1 vlans mapped: 1,3,5,7,9
```

```
BridgeAddr: 00d0.f8ff.a1a6
Priority: 4096
TimeSinceTopologyChange: 0d:0h:5m:0s
TopologyChanges: 0
DesignatedRoot: 100100D0F8FFA1A6
RootCost: 0
RootPort: 0
S5750-2# sh spanning-tree mst 2    （S57-2生成树检查）
###### MST 2 vlans mapped: 2,4,6,8,10
BridgeAddr: 00d0.f8b3.1f3c
Priority: 4096
TimeSinceTopologyChange: 0d:0h:15m:16s
TopologyChanges: 0
DesignatedRoot: 100200D0F8B31F3C
RootCost: 0
RootPort: 0
```

6. VRRP状态检查

```
Vlan1(192.168.10.0/24)网段的VRRP Master是在S5750-1上
Vlan2(192.168.20.0/24)网段的VRRP Master是在S5750-2上

S5750-1#sh vrrp bri              （S5750-1 VRRP检查）
If    Group State  Priority Preempt Interval Virtual IP     Auth
------- ----- ------ -------- ------- -------- -------------- --------
VL1   10   master 254    may    1     192.168.10.254
VL2   20   backup 100    may    1     192.168.20.254

S5750-2#sh vrrp bri              （S5750-2 VRRP检查）
If    Group State  Priority Preempt Interval Virtual IP     Auth
------- ----- ------ -------- ------- -------- -------------- --------
VL1   10   backup 100    may    1     192.168.10.254
VL2   20   master 254    may    1     192.168.20.254
```

任务验收

任务7验收单见表4-12。

表4-12　任务7验收单

评价内容	评价项目	评价结果
核心层设备稳定可靠性配置与调试	1．是否能理解生成树的相关概念	是　否
	2．是否能正确进行生成树相关配置	是　否
	3．是否能理解VRRP相关知识	是　否
	4．是否能正确掌握VRRP相关配置	是　否
	5．是否掌握生成树和VRRP组合配置与调试	是　否

问题思考

1．锐捷交换机STP默认是开启还是关闭的？启动STP后默认是哪种？

2．配置Portfast的目的是什么？配置了Portfast的端口收到BPDU后会出现什么现象？

任务8　网络地址转换配置与调试

任务描述

项目单位网络管理员提供了从ISP服务商申请的合法IP地址，需要对路由器进行网络地址转换的配置与调试。将私有地址转化为合法IP地址，进行Internet访问，并有效地避免来自网络外部的攻击，隐藏并保护网络内部的计算机。

任务分析

网络地址转换（Network Address Translation，NAT）属接入广域网（WAN）技术，是一种将私有（保留）地址转化为合法IP地址的转换技术，它被广泛应用于各种类型Internet接入方式和各种类型的网络中。NAT不仅完美地解决了IP地址不足的问题，而且还能够有效地避免来自网络外部的攻击，隐藏并保护网络内部的计算机。

知识链接

NAT的实现方式有三种，即静态转换（一对一的转换）、动态转换（多对多的转换）和端口多路复用（地址及端口的转换）。

静态转换是指将内部网络的私有IP地址转换为公有IP地址，IP地址对是一对一的，是一成不变的，某个私有IP地址只转换为某个公有IP地址。借助于静态转换，可以实现外部网络对内部网络中某些特定设备（如服务器）的访问。

动态转换是指将内部网络的私有IP地址转换为公用IP地址时，IP地址是不确定的、随机的，所有被授权访问上Internet的私有IP地址可随机转换为任何指定的合法IP地址。也就是说，只要指定哪些内部地址可以进行转换以及用哪些合法地址作为外部地址时，就可以进行动态转换。动态转换可以使用多个合法外部地址集。当ISP提供的合法IP地址略少于网络内部的计算机数量时，可以采用动态转换的方式。

端口多路复用方式也称网络端口地址转换（Network Address Port Translation，NAPT）。可将多个内部地址映射为一个合法公网地址，但以不同的协议端口号与不同的内部地址相对应。NAPT也被称为“多对一”的NAT 。内部网络的所有主机均可共享一个合法外部IP地址实现对Internet的访问。它可以将网络隐藏在一个合法的IP地址后面，从而最大限度地节约IP地址资源。同时，又可隐藏网络内部的所有主机，有效避免来自Internet的攻击。因此，目前网络中应用最多的就是NAPT。

任务实施

1. 静态NAT配置

通常为那些需要固定合法地址的主机建立静态NAT，如一个可以被外部主机访问的Web服务器。网络拓扑图如图4-54所示。

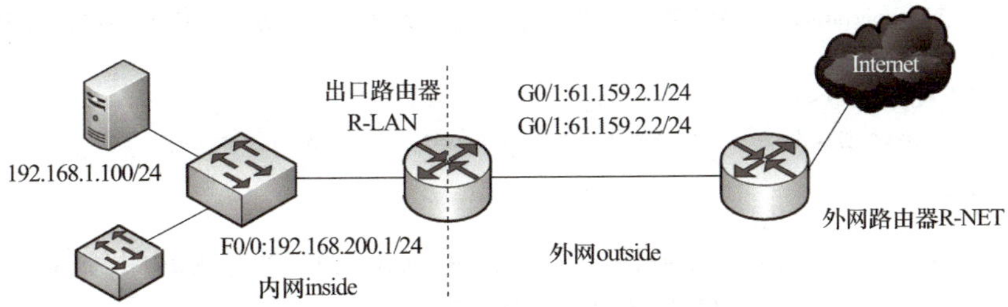

图4-54 静态NAT配置网络拓扑图

具体配置步骤如下：

（1）配置出口路由器IP地址

```
Ruijie(config)#hostname R-LAN
R-LAN(config)#interface FastEthernet 0/0
R-LAN(config-GigabitEthernet 0/0)#ip address 192.168.200.1 255.255.255.0
R-LAN(config-GigabitEthernet 0/0)#exit
R-LAN(config)#interface gigabitEthernet 0/1
R-LAN(config-GigabitEthernet 0/2)#ip address 61.159.2.1 255.255.255.0
R-LAN(config-GigabitEthernet 0/2)#exit
```

外网路由器配置如下：

```
Ruijie(config)#hostname R-NET
R-NET(config)#interface gigabitEthernet 0/1
R-NET(config-GigabitEthernet 0/1)#ip address 61.159.2.2 255.255.255.0
R-NET(config-GigabitEthernet 0/1)#exit
```

（2）定义NAT的内网口和外网口

```
R-LAN(config)#interface gigabitEthernet 0/1
R-LAN(config-GigabitEthernet 0/1)#ip nat outside      //配置为NAT的外网口
R-LAN(config-GigabitEthernet 0/1)#exit
R-LAN(config)#int FastEthernet 0/0
R-LAN(config-GigabitEthernet 0/0)#ip nat inside      //配置为NAT的内网口
R-LAN(config-GigabitEthernet 0/0)#exit
```

经验分享

ip nat outside接口即外网口，是与运营商互联的接口。ip nat inside接口即内网口，是与内网互联的接口。

（3）配置静态NAT

```
R-LAN(config)#ip nat inside source static 192.168.1.100 61.159.2.100 permit-inside
//把内网192.168.1.100 映射成公网的61.159.2.100
```

知识链接

1）静态NAT转换，可以进行IP地址一对一的转换，也可以基于TCP、UDP进行端口转换。

2）permit-inside功能：当有内网服务器静态映射成公网地址时，内网PC若需要通过该公网地址访问服务器，就必须配置permit-inside参数，在配置静态NAT时，建议都配置permit-inside参数。

下面分别为基于IP地址的一对一映射及基于TCP、UDP的端口映射配置命令：

① 基于IP地址的一对一映射。

ip nat inside source static local-address global-address [permit-inside] 该命令用于指定内部本地地址和内部全局地址的对应关系。如果加上 permit-inside 关键字，则内网的主机既能用本地地址访问，也能用全局地址访问，否则只能用本地地址访问。

② 基于TCP、UDP的端口映射。

ip nat inside source static 协议 local-address端口号 global-address 端口号 [permit-inside]

（4）配置验证

测试外网能否正常访问内网服务器，若外网可以正常访问内网的服务器，则静态NAT配置正确。在出口路由器上查看NAT转换表项如下：

```
R-LAN #show ip nat translations
Pro  Inside global   Inside local    Outside local   Outside global
tcp  61.159.2.100   192.168.1.100    ------          -----
```

知识链接

1）内部本地地址（Inside Local Address）：分配给内部网络中一台主机的IP地址，可以是RFC1918定义的私有地址，这些地址通常只有内部主机知道。

2）内部全局地址（Inside Global Address）：从ISP或NIC注册的地址，分配给内部主机的以用于NAT处理的地址。对外进行IP通信时，代表一个或者多个内部本地地址的合法IP地址。这种内部的主机地址可以被外部主机看到。

3）外部本地地址（Outside Local Address）：外部网络的某台主机拥有者分配给该主机的IP地址，即外部网络的主机在其内部网络中表现的IP地址。

4）外部全局地址（Outside Global Address）：为内部主机所知的外部主机地址。

例如，两个网络，一个为A，一个为B，AB分别向ISP申请了一个公网的IP地址，A申请的地址为1.1.1.1，B申请的地址为2.2.2.2。A的内部网络为192.168.1.0/24，B的内部网络为10.0.0.0/2。那么在A的内部主机PA（192.168.1.1）与B的内部主机PB（10.0.0.1）通信的过程中，相对于PA来说，内部本地地址是192.168.1.1，内部全局地址是1.1.1.1；外部本地地址是PB的内部地址即10.0.0.1，而外部全局地址显然是2.2.2.2。

经验分享

删除配置的静态NAT，可以使用如下命令：

Ruijie(config)#no ip nat inside source static local-address global-address [permit-inside]

该命令可以删除NAT表中指定的项目，不影响其他NAT的应用。如果在接口上使用no ip nat inside 或 no ip nat outside 命令，则可以停止该接口的NAT检查和转换，会影响各种NAT的应用。

2. 动态NAT配置

由于动态NAT转换时，IP地址不确定，是随机的，需要指定哪些内部地址可以进行转换，哪些作为合法外部地址，因此配置动态NAT时除了要配置接口IP地址、内外网接口外，还要定义一个地址池，指定转换的外网地址范围，使用访问控制列表定义哪些内部主机能做NAT。如图4-55所示，要将内部网络地址192.168.100.2～192.168.100.253转换为合法的外部地址61.159.62.130～61.159.62.134。

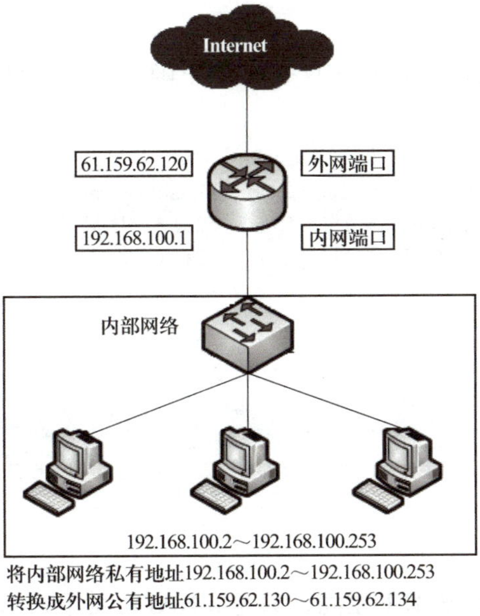

图4-55　动态NAT配置网络拓扑图

具体配置如下：

（1）配置出口路由器IP地址

```
Router(config)#interface serial 0/0
Router(config-if)#ip address 61.159.62.120 255.255.255.192
Router(config-if)#exit
Router(config)#interface FastEthernet 0/0
Router(config-if)#ip address 192.168.100.1 255.255.255.0
```

（2）定义NAT的内网口和外网口

```
Router(config)#Interface serial 0/0
Router(config-if)#Ip nat outside
Router(config)#Interface fastethernet 0/0
Router(config-if)#Ip nat inside
```

（3）定义内部网络中允许访问外部的访问控制列表

```
Router(config)#access-list 1 permit 192.168.100.0 0.0.0.255
```

（4）定义合法IP地址池

```
Router(config)#ip nat pool test0 61.159.62.130 61.159.62.134 network 255.255.255.192
```

（5）配置动态NAT指定网络地址转换映射

```
Router(config)#ip nat inside source list 1 pool  test0
```

知识链接

Ruijie(config)#ip nat pool pool-name start-address end-address netmask subnet-mask

该命令用于定义一个IP地址池，pool-name是地址池的名字，start-address是起始地址，end-address是结束地址，subnet-mask是子网掩码。地址池中的地址是供转换的内部全局地址，通常是注册的合法地址。

Ruijie(config)#access-list access-list-number permit address wildcard-mask

该命令定义了一个访问控制列表，access-list-number是表号，address是地址，wildcard-mask是通配符掩码。它的作用是限定内部本地地址的格式，只有和这个列表匹配的地址才会进行NAT转换。

Ruijie(config)#ip nat inside source list access-list-number pool pool-name

该命令定义了动态NAT，access-list-number是访问列表的表号，pool-name是地址池的名字。它表示将地址池中的地址和列表匹配的内部本地地址建立NAT映射。

（6）配置验证

如果内网能正常访问外网，则动态NAT配置正确。在出口路由器上查看NAT转换表项如下：

```
R-LAN #show ip nat translations
 Pro  Inside global    Inside local      Outside local    Outside global
tcp   61.159.62.130    192.168.100.55    211.67.71.7      211.67.71.7
tcp   61.159.62.130    192.168.100.56    211.67.71.7      211.67.71.7
```

温馨提示

访问列表的定义不要太宽，应尽量准确，否则可能会出现不合法的访问造成的网络安全问题。

3. NAPT的配置

NAPT的配置与动态NAT基本上相同，只是在NAT定义中，需要加上overload关键字：

Ruijie(config)#ip nat inside source list access-list-number pool pool-name overload

这个命令定义了NAPT，access-list-number是访问列表的表号，pool-name是地址池的名字。它表示将地址池中的地址和列表匹配的内部本地地址建立NAPT映射。overload关键字表示启用端口复用。加上overload关键字后，系统首先会使用地址池中的第一个地址为多个内部本地地址建立映射，当映射数量达到极限时，再使用第二个地址。

任务验收

通过完成本任务，了解了网络地址转换的概念及其相关知识，掌握了网络地址转换的三种实现方式，学习了网络地址转换配置与调试的方法。任务8验收单见表4-13。

表4-13　任务8验收单

评价内容	评价项目	评价结果
网络地址转换配置与调试	1. 是否能正确理解网络地址转换的含义	是　否
	2. 是否能正确理解网络地址转换的三种实现方式	是　否
	3. 是否能正确对静态转换进行配置与调试	是　否
	4. 是否能正确对动态转换进行配置与调试	是　否
	5. 是否能正确对端口多路复用进行配置与调试	是　否
	6. 是否能恰当处理任务实施中遇到的问题	是　否

任务拓展

请总结网络地址转换三种实现方式的区别和每种方式的配置步骤。

任务9　网络访问控制功能配置与调试

任务描述

根据项目需求，项目单位网络管理员需要对网络进行有效的管理，如计算机不能私自改变IP地址，在宿舍区不能浏览服务器区内的Web服务器等，对网络实行有效的访问控制。作为本项目的施工人员，要对设备进行访问控制功能配置，以满足用户的需求。

任务分析

计算机不能私自改变IP地址，可以参考学习单元3的任务8进行相应配置。宿舍区不能浏览服务器区内的Web服务器，可以使用前面学习过的ACL进行配置。本项目中服务器区内有4台服务器，且都在同一网段中，使用扩展访问控制列表可以根据数据包的源IP、目的IP、源端口、目的端口、协议来定义规则，进行数据包的过滤，实现用户需求。访问控制网络拓扑示意图如图4-56所示。

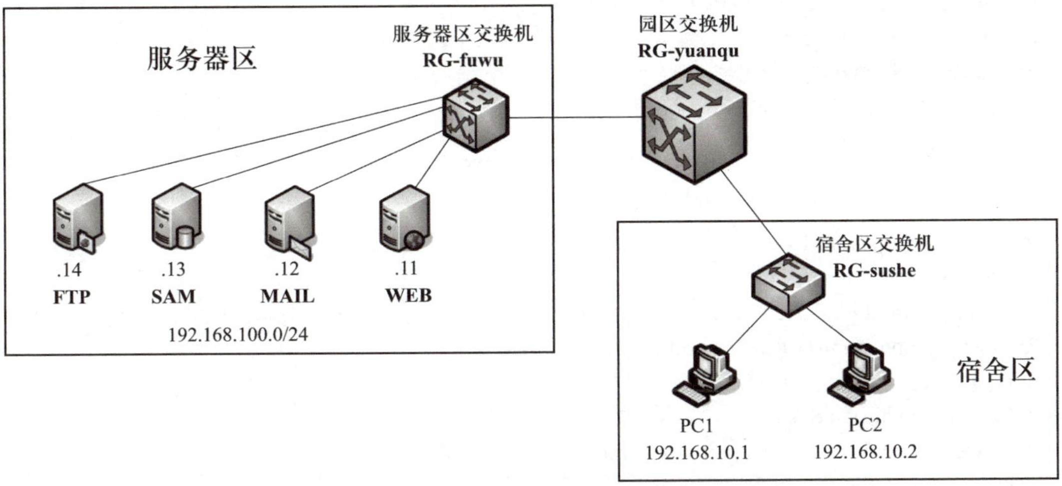

图4-56　访问控制网络拓扑示意图

任务实施

1. 配置服务器区交换机RG-fuwu

```
RG-fuwu(config)#vlan 100
```

```
RG-fuwu (config- vlan)#exit
RG-fuwu (config)#int range f0/11-14
RG-fuwu (config-if-range)# switchport access vlan 100
RG-fuwu (config-if-range)#exit
RG-fuwu (config)#int vlan 100
RG-fuwu (config-if)#ip add 192.168.100.254 255.255.255.0
RG-fuwu (config-if)#no shutdown
RG-fuwu (config-if)#exit
RG-fuwu(config)#int f0/1
RG-fuwu(config-if)#no switchport
RG-fuwu (config-if)#ip add 192.168.101.1 255.255.255.0
RG-fuwu (config-if)#no shutdown
RG-fuwu (config-if)#exit
```

2. 配置园区交换机RG-yuanqu

```
RG-yuanqu(config)#int f0/23
RG-yuanqu (config-if)#no switchport
RG-yuanqu (config-if)#ip add 192.168.101.2  255.255.255.0
RG-yuanqu (config-if)#no shutdown
RG-yuanqu (config-if)#exit
RG-yuanqu(config)#vlan 10
RG-yuanqu(config)#int vlan 10
RG-yuanqu (config-if)#ip add 192.168.10.254  255.255.255.0
RG yuanqu (config-if)#no shutdown
RG-yuanqu (config-if)#exit
RG-yuanqu(config)#int f0/24
RG-yuanqu (config-if)# switchport mode trunk
RG-yuanqu (config-if)#exit
```

3. 配置宿舍区交换机RG-sushe

```
RG-sushe(config)#vlan 10
RG-sushe(config- vlan)#exit
RG-sushe(config)#int range f0/2-10
RG-sushe(config-if-range)# switchport access vlan 10
RG- yuanqu (config-if-range)#exit
RG-yuanqu(config)#int f0/1
RG- yuanqu (config-if)# switchport mode trunk
RG- yuanqu (config-if)#exit
```

4. 配置OSPF路由协议，实现网络互通

（1）RG-fuwu 上的配置

```
RG-fuwu(config)#router ospf
RG-fuwu(config-router)#network 192.168.100.0  0.0.0.255 area 0
RG-fuwu(config-router)#network 192.168.101.0  0.0.0.255 area 0
```

（2）RG-yuanqu上的配置

```
RG-yuanqu (config)#router ospf
RG-yuanqu (config-router)#network 192.168.101.0  0.0.0.255 area 0
RG-yuanqu (config-router)#network 192.168.10.0  0.0.0.255 area 0
```

知识链接

1. 关于OSPF

OSPF（Open Shortest Path First，开放式最短路径优先）与RIP相比，OSPF是链路状态协议，而RIP是距离矢量协议。OSPF通过设备之间通告网络接口的状态来建立链路状态数据库，生成最短路径树，每个路由设备使用这些最短路径构造路由表。

2. OSPF的相关术语

（1）LSA

LSA（链路状态宣告，Link-State Advertisement）：描述路由器的本地链路状态，通过该通告向整个OSPF区域扩散。LSA包括有关设备邻居和通道成本的信息。LSA被路由器设备接收用于维护它们的路由表。LSA有很多种，如路由器LSA、网络LSA、网络汇总LSA等。路由器LSA（Router LSA）：由区域内的路由设备产生，这个最基本的LSA通告了区域内路由设备的所有链路或接口，并指明了它们的状态和沿每条链路方向出站的代价，以及该链路上所有已知的OSPF邻居。这些LSA只会在区域内广播。

（2）OSPF区域

启用OSPF协议的设备，会彼此将所有的链路状态（LSA）相互交换，当网络规模达到一定程度后，LSA将形成一个非常庞大的数据库，这样势必会给OSPF的计算带来巨大的困难。为了能够降低OSPF计算的复杂程度，减轻缓存计算的压力，OSPF采用分区域计算，将网络中所有的OSPF设备划分成不同的区域，每个区域负责各自区域的LSA传递和路由计算。在向其他区域转发的LSA是经过本区域汇总和简化之后的信息。这样在区域内部，拥有区域内精确的LSA，而在不同区域，则传递简化的LSA，减少了区域间重复计算，提高了速度。

OSPF区域的命名可以采用整数数字（如1、2、3、4），也可以采用IP地址的形式（如0.0.0.1、0.0.0.2），OSPF区域必须有一个核心区域，即area0，也称为BackBone 区域（骨干区域），而其他区域称为Normal 区域（常规区域）。在网络中所有的常规区域应直接和骨干区域相连，否则无法交换LSA，造成网络路由不可达。

3. OSPF命令格式

network network wildcard area area-id

network	//命令关键字
network	//直连网段
wildcard	//反掩码
area	//区域
area-id	//区域号

5. 配置扩展访问控制列表，实现宿舍区不能浏览服务器区内的Web服务器

```
RG-yuanqu (config)# access-list 110 deny ip 192.168.10.0 0.0.0.255 192.168.100.11 0.0.0.0
RG-yuanqu (config)#access-list 110 permit ip any any
```

知识链接

1. 扩展访问控制列表的命令格式如下

access-list access-list-number {permit | any} protocol {source source-wildcard | any } [operator port] { destination destination-wildcard | any } [operator port] [eq] [log]

access-list	//命令关键字
access-list-number	//列表编号
{deny | permit}	//{拒绝 | 允许}
protocol	//协议
{source source-wildcard | any }	//{源地址 反掩码 | 任何地址 }
[operator port]	//端口号
{source source-wildcard | any }	//{目的地址 反掩码 | 任何地址 }

2. 关于反掩码

1）和子网掩码相反，0表示需要比较，1表示忽略比较。

2）掩码转换成反掩码：255.255.255.255减掩码。

3）反掩码和IP地址结合使用，描述一个地址范围。

6. 在接口下应用ACL

```
RG-yuanqu (config)#int vlan 10
RG-yuanqu (config-if)#ip access-group 110 in
```

知识链接

数据在进方向和出方向的访问控制列表的工作流程分别如图4-57和图4-58所示。

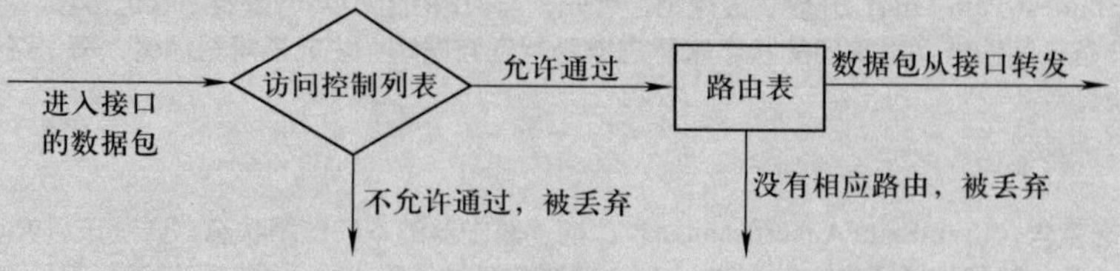

图4-57　进方向的访问控制列表的工作流程

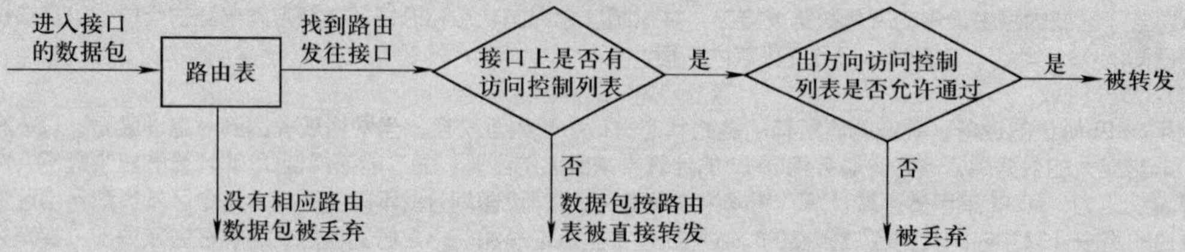

图4-58　出方向的访问控制列表的工作流程

经验分享

只过滤数据包源地址的ACL应该放置在离目的地尽可能近的地方。

过滤数据包的源地址和目的地址以及其他信息的ACL，则应该放在离源地址尽可能近的地方。

7. 结果验证测试

```
RG-fuwu #show access-lists
ip access-list extended 110
10 deny 192.168.10.0  0.0.0.255  192.168.100.11  0.0.0.0
20 permit ip any any
```

经验分享

一般交换机和路由器上都可以配置ACL，可以为每种协议（per protocol）、每个方向（per direction）、每个接口（per interface）配置一个 ACL，简称为3p原则。

每种协议一个ACL：一个ACL应用于一个协议，要对多个协议进行限制，就要在接口上启用每种协议的ACL。

每个方向一个ACL：一个ACL只能应用在一个接口的一个方向。要控制入口流量和出口流量，必须分别定义两个ACL。

每个接口一个ACL：一个 ACL 只能控制一个接口上的流量，要控制多个接口就要为每个接口都配置和应用ACL。

任务验收

通过完成本任务，学习了扩展访问控制列表的配置命令及其应用，掌握了访问控制管理的实现及配置方法，以及进方向访问控制列表的工作流程等。任务9验收单见表4-14。

表4-14　任务9验收单

评价内容	评价项目	评价结果
网络访问控制功能配置与调试	1．是否能理解扩展访问控制列表的命令格式	是　否
	2．是否能理解标准访问控制列表和扩展访问控制列表的区别	是　否
	3．是否能正确配置扩展访问控制列表	是　否

（续）

评价内容	评价项目	评价结果
网络访问控制功能配置与调试	4．进方向访问控制列表的工作流程	是 否
	5．是否能与相关人员进行良好的沟通	是 否
	6．是否能恰当处理任务实施中遇到的问题	是 否

任务拓展

1）若该任务中FTP、Mail、SAM、Web这些服务都建在一台服务器上（IP地址为192.168.100.11），那么请配置ACL实现宿舍区不能浏览服务器上的Web服务的需求。

2）若该任务中要求办公区不能在工作时间（AM9:00～PM5:00）浏览服务器上的Web服务，请配置ACL实现这一需求。

3）图4-59所示是某网络的局部拓扑图，采用OSPF协议对网络路由进行OSPF多区域规划，请根据所学知识思考这样规划有什么不妥？为什么？请按正确的规划为设备配置OSPF路由协议，实现网络互通。

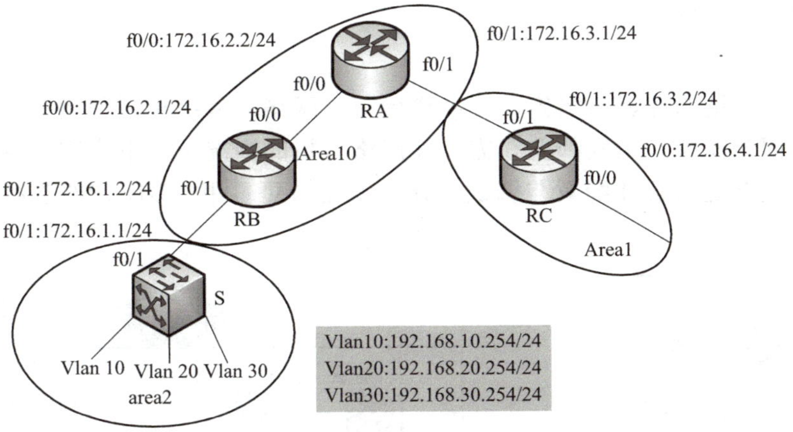

图4-59　某网络局部拓扑图

知识拓展

基于时间的访问控制列表是在标准或扩展访问控制列表的基础上增加了时间段的应用规则time-range。基于时间的访问控制列表配置步骤如下

1．创建time-range

time-range {time range name}

time-range	//命令关键字
{time range name}	//时间段名称

2．定义时间段

absolute{ end | start } hh:mm date month year

absolute	//绝对时间
end	//结束时间
start	//开始时间
hh:mm	//时间，时和分

```
date                              //日期，范围1～31
month                             //月份，用Jan、Feb、Mar…Nov、Dec表示
year                              //年份，一般范围为1990～2050
periodic day-of-the-week hh:mm to [ day-of-the-week ] hh:mm
periodic { weekdays | weekend | daily } hh:mm to hh:mm
periodic                          //周期时间
day-of-the-week                   //一个星期内的一天或者几天，用Monday、Tuesday…Sunday表示
weekdays                          //周一到周五
weekend                           //周六到周日
daily                             //一周中的每一天
示例：
Ruijei(config)#time-range abc     //创建名称为abc的时间段
Ruijei(config- time-range)#absolute start 8:00 1 Jan 2010 end 24:00 30 Dec 2015
//绝对时间段从2010年1月1日8:00点开始到2015年12月30日24:00点结束
Ruijei(config- time-range)#periodic daily 9:00 to 17:00
//周期时间段是每天的9:00点到17:00点
Ruijei(config)#access-list 110 permit ip any any time-range abc  //把时间段加入acl中
```

任务10　网络安全及优化配置与调试

任务描述

通过前面对网络的部署与实施，已经搭建起了网络，网络可以使用，但网络易用与可用是两个不同的概念。工程师现在需要在网络可用的情况下，解决网络中的一些安全问题，对网络安全进行优化配置与调试，让网络变得更易用。DHCP部署服务如图4-60所示。

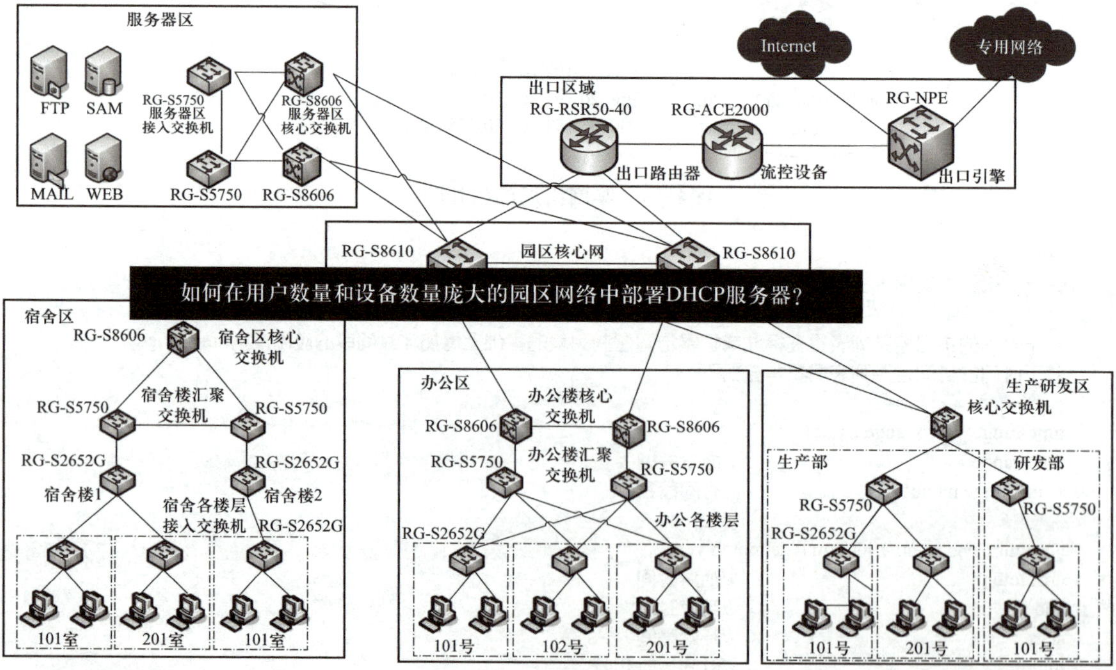

图4-60　DHCP部署服务

任务分析

在园区网络中，通常采用DHCP配置进行IP地址分配。为了确保网络安全管理的要求，需进行网络安全和优化配置。在实现网络安全和优化配置时，需进行防非法DHCP服务器配置、防ARP欺骗配置和路由器防火墙安全配置等。

任务实施

1. DHCP服务部署

（1）网关交换机作为DHCP服务器

每台汇聚网关交换机上都为其下联用户PC网段配置DHCP地址池。配置汇聚网关DHCP服务拓扑示意图如图4-61所示。

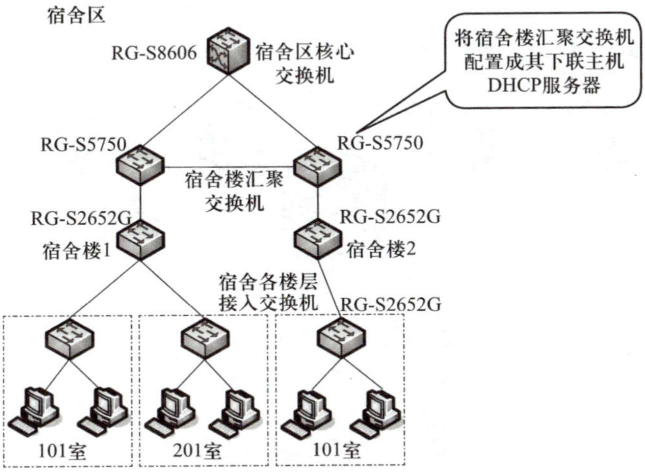

图4-61　配置汇聚网关DHCP服务拓扑示意图

汇聚网关交换机的DHCP地址池配置如下：

```
service dhcp
ip dhcp pool VLAN10_POOL                    // Vlan 10内用户的DHCP地址池信息
   network 172.16.10.0  255.255.255.0
   default-router 172.16.10.1
   dns-server 202.106.0.20  211.0.23.32
ip dhcp pool VLAN20_POOL                    //Vlan 20内用户的DHCP地址池信息
   network 172.16.20.0  255.255.255.0
   default-router 172.16.20.1
   dns-server 202.106.0.20  211.0.23.32
interface vlan 10
ip address 172.16.10.1  255.255.255.0
interface vlan 20
ip address 172.16.20.1  255.255.255.0
```

学习单元4

（2）网关交换机作为DHCP中继

在服务器区部署一台专用的DHCP服务器，要保证作为DHCP中继的汇聚网关交换机与DHCP服务器之间IP可达。

汇聚网关交换机的DHCP中继配置如下：

```
service dhcp
ip helper-address 服务器IP地址
```

知识链接

1）在大型网络中，如果每台终端设备的地址都是由使用者自己手工配置的，那么很容易出现地址相同的情况。

采用DHCP分配可以减少配置错误，减小网络管理员的工作量，且IP 地址可重复使用。

2）DHCP地址分配机制如图4-62所示。

图4-62 DHCP地址分配机制

租约：分配给Client的地址使用时间限制，租约到期该地址会被服务器收回。

三种地址分配机制如下。

①自动分配：分配一个永久的IP地址。

②动态分配：分配给Client的地址有时间限制。

③手工分配：由管理员手工指定地址，通过DHCP传送给用户。

3）DHCP 中继。

DHCP广播报文无法穿越三层设备，每个广播域设置一台DHCP服务器，如图4-63所示。

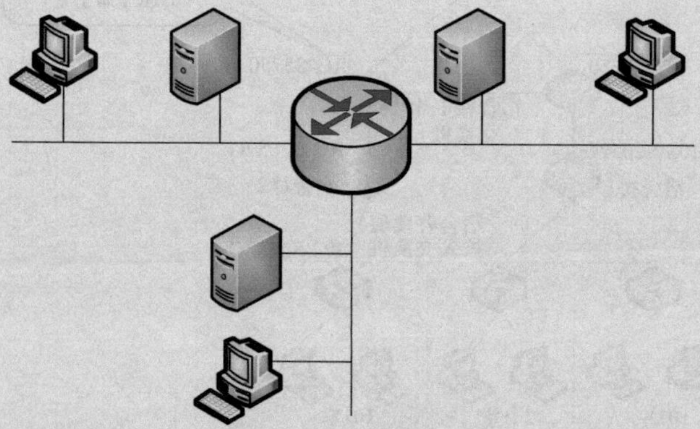

图4-63 DHCP 中继

4）DHCP中继工作原理，如图4-64所示。

图4-64 DHCP中继工作原理

DHCP relay设备修改DHCP消息中的相应字段，把DHCP的广播包改成单播包，并负责在服务器与客户机之间转换。

学习单元4

2. DHCP应用的安全配置

在接入交换机上使用DHCP Snooping相关功能，可以实现以下功能。

（1）防止非法DHCP服务配置——下联端口ACL配置

创建扩展IP ACL，命名为dhcp1：

```
Switch(config)#ip access-list extended dhcp1
```

禁止所有源端口为67、目标端口为68的UDP报文：

```
Switch(config-ext-nacl)#deny udp any eq bootps any eq bootpc
```

允许所有的其他IP报文：

```
Switch(config-ext-nacl)#permit ip any any
```

进入0/1-23号接口：

```
Switch(config-ext-nacl)#exit
Switch(config)#interface range fastEthernet 0/1-23
```

将dhcp1的ACL应用到下联端口0/1-23：

```
Switch(config-if-range)#ip access-group dhcp1 in
```

（2）防止非法DHCP服务配置——上联端口ACL配置

创建扩展IP ACL，命名为dhcp1：

```
Switch(config)#ip access-list extended dhcp2
```

允许源IP为192.168.20.2、源端口为67、目标端口为68的UDP报文通过：

```
Switch(config-ext-nacl)#permit udp host 192.168.20.2 eq bootps any eq bootpc
```

禁止其他所有的源端口为67、目标端口为68的UDP报文通过：

```
Switch(config-ext-nacl)#deny udp any eq bootps any eq bootpc
```

允许所有其他的IP报文通过：

```
Switch(config-ext-nacl)#permit ip any any
```

将dhcp2的ACL应用到上联端口24：

```
Switch(config-ext-nacl)#exit
Switch(config)#interface fastEthernet 0/24
Switch(config-if)#ip access-group dhcp2 in
```

对于非法DHCP服务器的防范效果：完全杜绝所有的来自本交换机以下的非法DHCP服务器，完全杜绝所有的来自上联端口（同一Vlan中其他地方）的非法DHCP服务器，同时保证正常的客户机能够获得来自合法DHCP服务器的IP地址。

知识链接

1. DHCP攻击（恶意DHCP请求）

HHCP攻击示意图如图4-65所示。恶意DHCP请求如图4-66所示。

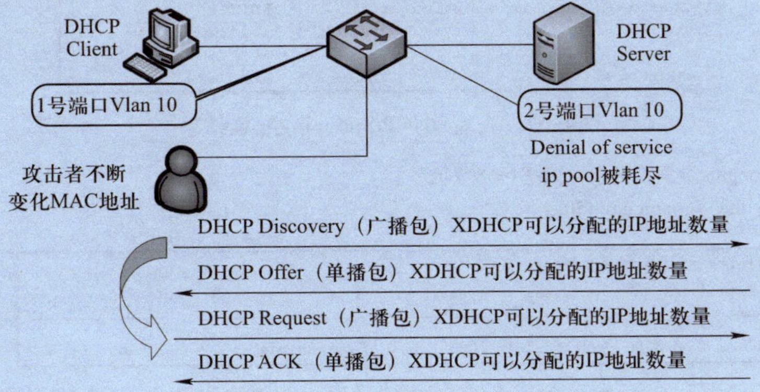

图4-65　DHCP攻击示意图

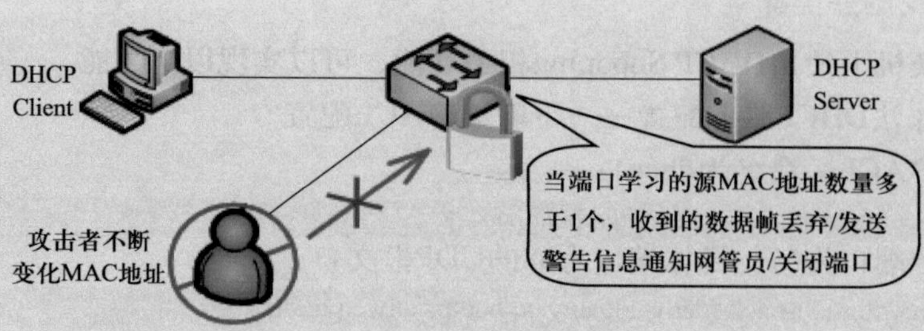

图4-66　恶意DHCP请求

2. 防止恶意DHCP请求配置

interface interface-id

switchport port-security

switchport port-security maximum 1

switchport port-security violation{protect | restrict | shutdown}

switchport port-security aging time 8

protect：保护端口，当安全地址个数满后，安全端口将丢弃未知名地址（不是该端口的安全地址中的任何一个）的包。

restrict：当违例产生时，将发送一个Trap通知。

Shutdown：当违例产生时，将关闭端口并发送一个Trap通知。当端口因为违例而被关闭后，可以在全局配置模式下使用命令errdisable recovery 来将接口从错误状态中恢复过来。

3. DHCP Snooping配置

配置命令：

开启DHCP snooping功能：

Ruijie(config)#ip dhcp snooping

配置信任端口：

Ruijie(config-FastEthernet 0/1)#ip dhcp snooping trust

配置DHCP报文速率限制：

Ruijie(config-FastEthernet 0/1)#ip dhcp snooping suppression

配置验证Untrust端口检查DHCP报文的源MAC地址：

Ruijie(config-FastEthernet 0/1)#ip dhcp snooping verify mac-address ession

DHCP Snooping 状态检查：

查看DHCP Snooping配置结果，如图4-67所示。

Ruijie#show ip dhcp snooping

```
Ruijie#show  ip dhcp    snooping
Switch  DHCP    snooping status                  :ENABLE
DHCP snooping   Verification of hwaddr status    :DISABLE
DHCP snooping   database  write-delay time       :0 secondes
DHCP snooping   option 82 status                 :DISABLE
DHCP snooping   Support bootp bind status        :DISABLE
Insterface                             Trusted   Rate limit(pps)
-------------------------------------  --------  ---------------
FastEthernet  0/1                      YES       unlimited
```

图4-67　查看DHCP Snooping配置结果

查看DHCP Snooping数据库结果，如图4-68所示

Ruijie#show ip dhcp snooping binding

```
Total number of bindings: 1
MacAddress      IpAddress     Lease(sec)   Type          VLAN   Interface
--------------  ------------  -----------  ------------  -----  ------------------
0021.8696.86fe  192.168.1.1   85636        dhcp-snooping 1      FastEthernet 0/24
```

图4-68　查看DHCP Snooping数据库结果

4. 防ARP欺骗配置

防ARP欺骗配置拓扑图如图4-69所示。

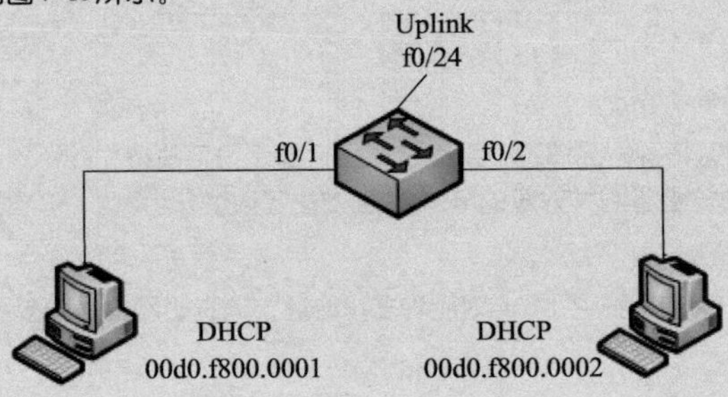

图4-69 防ARP欺骗配置拓扑图

（1）方案一：port-security + ARP-check

配置命令：

```
interface FastEthernet 0/1
switchport port-security mac-address 00d0.0000.0001 ip-address 192.168.0.1
switchport port-security
arp-check auto
!
interface FastEthernet 0/2
switchport port-security mac-address 00d0.0000.0002 ip-address 192.168.0.2
switchport port-security
arp-check auto
```

（2）方案二：DHCP Snooping + address-bind + ARP-check

配置命令：

```
ip dhcp snooping
!
interface FastEthernet 0/1
ip dhcp snooping address-bind
arp-check  auto
!
interface FastEthernet 0/2
ip dhcp snooping address-bind
arp-check auto
!
interface FastEthernet 0/24
ip dhcp snooping trust
```

级联优化：多台交换机级联时，为避免上面一台交换机针对下联交换机上的用户重复进行地址绑定与ARP报文校验，请将下联其他交换机的接口启用ip dhcp snooping trust。

（3）方案三：DHCP Snooping + IP Source guard + ARP-check

配置命令：

```
ip dhcp snooping
!
interface FastEthernet 0/1
ip verify source port-security
arp-check  auto
!
interface FastEthernet 0/2
ip verify source port-security
arp-check auto
!
interface FastEthernet 0/24
ip dhcp snooping trust
```


学习单元4

经验分享

1. 怎样判断主机是否受到了ARP欺骗攻击？

如果出现网络时断时续或网速特别慢的情况，那么在命令行提示符下执行“arp–d”命令就能缓解一段时间；在命令行提示符下执行“arp–a”命令查看网关对应的MAC地址发生了改变。

2. 网关设备怎样判断是否受到了ARP欺骗攻击？

如果用show arp命令显示ARP表中同一个MAC对应许多IP地址，则说明网关设备受到了ARP欺骗攻击。

3. 出口路由器防火墙配置

（1）防火墙的登录和初始化步骤

1）选择登录和管理方式。

2）安装证书。

3）设置管理主机IP地址。

4）添加管理主机。

5）开启SSH功能。

6）添加管理员。

7）SNMP配置。

8）配置日志服务器。

9）配置时间和NTP。

（2）网络入口过滤

启用网络入口过滤功能：

```
Red-Giant(config)# ip ingress-filter
```

（3）TCP SYN代理——防SYN FLOOD的利器

在eth 1/0的入方向上对所有的TCP 流进行TCP SYN代理：

```
Red-Giant(config)# access-list 100 tcp permit any any
Red-Giant(config)# interface ethernet 1/0
Red-Giant(config-if)# ip tcp-intercept list 100 in
```

（4）session-limit限制会话新建速率

限制匹配acl10定义的数据会话新建速率为10，不记录日志

```
session-limit access-group 10 rate 10 conform-action drop out
```

知识链接

1. 为什么出口路由器要集成防火墙？

用户的安全意识越来越强，倾向于购买安全性高的产品。路由器的性能较以往有很大提高，转发已经不再是衡量路由器的唯一标准，将路由功能与防火墙功能放到一台设备上，减少了网络的故障点，更加易于网络管理。

2. TCP SYN代理

ip tcp-intercept list//在某个接口的某个方向上对指定的网络流量启用TCP SYN 代理功能

ip tcp-intercept list extended_ACL_# {in | out} <log>

【参数说明】

extended_ACL_#	// 定义要对哪些网络流量进行
in | out	//作用在接口上的方向
log	//是否记录日志

3. session-limit限制会话新建速率

该功能用于使用会话限制功能，命令的no形式用于禁止该功能

session-limit access-group acl-no rate c_rate concurrent count conform-action action {in|out} <log>

在接口上添加一条规则

【参数说明】

c_rate	//新建会话的速率，即每秒可建多少条会话
concurrent	//并发会话总数
conform-action	//速率或者总数为正常，策略的动作
{in|out}	//策略作用的方向
log	//当发生异常时，是否记录日志

任务验收

通过完成本任务，学习了DCHP的相关原理、ARP欺骗的相关知识、如何防止ARP欺骗及防火墙技术，学习了网络安全及优化配置与调试的相关知识。任务10验收单见表4-15。

表4-15　任务10验收单

评价内容	评价项目	评价结果
网络安全及优化配置与调试	1．是否能正确理解DHCP工作原理	是　否
	2．是否能正确对防止DHCP攻击进行配置与调试	是　否
	3．是否能正确理解ARP工作原理及欺骗类型	是　否
	4．是否能正确地防止ARP欺骗	是　否
	5．是否能掌握防火墙技术	是　否
	6．是否能恰当处理任务实施中遇到的问题	是　否

任务11　系统联调与网络连通性测试

任务描述

工程实施完成后，工程师要对系统进行联调，并要对网络的连通性进行测试。

任务分析

网络系统的联调包括核心设备配置、出口防火墙配置、楼宇接入层交换配置等方面的综合调试。系统联调完成后，需要作相应的网络连通性测试。测试前需要制订相应的测试方案，测试完成后要填写相应的测试报告。

任务实施

1. 制订测试方案

为保证测试顺利进行，测试前需制订相应的测试方案。图4-70所示为测试方案目录。

目　录

1　前言……4
　1.1　测试目的……4
　1.2　测试标准……4
　1.3　测试环境……4
　　1.3.1 物理模型……4
　　1.3.2 测试工具……4
2　测试项目大纲……5
3　一级标题（测试大类名称）……8
　3.1　二级标题（测试小类名称）……8
　　3.1.1 三级标题（测试项目名称）……8
4　一级标题（测试大类名称）……9
　4.1　二级标题（测试小类名称）……9
　　4.1.1 三级标题（测试项目名称）……9

图4-70　测试方案目录

2. 编制测试项目大纲

测试大纲中主要包含测试项目表（见表4-16），主要列出了项目要进行测试的功能项。

表4-16　测试项目表

编　号	分 项 目	子 项 目	结　果
设 备 管 理			
1	Console控制	是否支持通过Console方式管理	
2	Telnet控制	是否支持通过Telnet方式管理	
3	SSH控制	是否支持通过SSH方式管理	
4	SNMP支持	测试对SNMP协议的支持性	
……	……	……	

3. 填写测试样表

测试样表是对每个测试项目的具体细化及过程结果记录见表4-17。

表4-17　测试样表

测 试 项 目		
测试分项目		
测试子项目		
测试原理与目的分析		
测试连接图		
预 置 条 件		
测 试 过 程		预 期 结 果
测 试 结 果		
通 过 标 准		

学习单元4

4. 设备测试

（1）核心设备配置测试内容

1）设备名称测试。

2）远程登录密码测试。

3）建立用户Vlan 和网关地址测试。

4）建立设备管理Vlan和网关地址，以及防火墙互联接口IP配置测试。

5）默认路由测试。

6）设备互联端口，下联接入层设备设置成Trunk口，上联出口防火墙设置成三层路由测试。

7）其他优化配置测试。

（2）出口防火墙配置测试内容

1）防火墙的管理主机IP测试。

2）接口IP配置（包括连接核心交换机的内网接口和连接运营商的外网接口）测试。

3）安全规则中配置NAT转换规则测试。

4）静态路由测试（下一跳指向运营商）。

5）静态回指路由（校内IP网段）测试（下一跳指向核心交换机）

6）其他优化配置测试。

（3）楼宇接入层交换配置测试内容

1）设备名称测试。

2）远程登录密码测试。

3）建立用户Vlan 管理Vlan，同时将用户端口划分到用户Vlan内的测试。

4）设备管理IP，同时上联端口设置成Trunk方式的测试。

5）设备默认网关测试。

6）其他优化配置测试。

（4）网络联通性测试

按照实施方案中的IP和Vlan规划，设备调试完成后需要做相应的连通性测试工作；互联设备端口指示灯是否正常，互联接口状态是否正常；设备管理IP是否能够在全网内互联互通；用户端设备是否可以ping通网关设备、出口防火墙以及运营商近端的IP地址；最后填写测试报告，见表4-18。

表4-18　测试报告

测试地点			
测试时间	年 月 日 至　年 月 日		
测试子内容			
编　号	项　目	子 项 目	结　果
测试验收			
测试项目总数			
测试项目通过数			
测试项目未通过数			

测试人员签字：　　　　　　　　　　用户负责人签字：

年 月 日　　　　　　　　　　年 月 日

学习单元4

任务验收

通过完成本任务，学习了如何进行系统联调与网络连通性测试。任务11验收单见表4-19。

表4-19 任务11验收单

评价内容	评价项目	评价结果
系统联调与网络连通性测试	1. 是否能明确测试方案包含的内容	是 否
	2. 是否能对设备各种功能项进行正确测试	是 否
	3. 是否能正确进行网络连通性测试	是 否
	4. 是否能正确填写测试样表	是 否
	5. 是否能正确填写测试报告	是 否
	6. 是否能与相关人员进行良好的沟通	是 否
	7. 是否能恰当处理任务实施中遇到的问题	是 否

任务12 软件质量检查

任务描述

工程实施完成后，工程师要按照工程实施软件质量检查表中的要求，对网络设备配置做质量检查工作。

任务分析

对软件质量进行检查主要包括版本与设备基本配置、用户与系统权限等方面。检查之后，填写软件质量检查表，并交监理工程师签字后存档。

任务实施

1. 设备基本配置检查

安全EG&NPE产品和无线产品的设备基本配置检查主要包括软件版本、调试信息、设备命名、接口信息、系统时间、不必要的服务关闭、配置文件保存和操作记录与备份的检查。

2. 用户与系统权限检查

安全EG&NPE产品的用户与系统权限检查主要包括用户权限、telnet/ssh密码、SNMP

和SYSLOG的检查。

无线产品的用户与系统权限检查主要包括用户权限和telnet/ssh密码的检查。

3. 其他相关检查

安全EG&NPE产品的其他相关检查主要包括交换相关和路由相关检查。

无线产品的其他相关检查主要包括无线相关检查。

4. 填写软件质量检查表

软件质量检查后，网络工程实施人员需要填写公司提供的软件质量检查表，并交监理工程师签字后存档。安全EG&NPE产品和无线产品的软件质量检查表分别见表4-20和表4-21。

表4-20 工程实施软件质量检查表

分类	序号	检查内容（具体信息查看软件质量规范文档）	检查结果	备注
版本与设备基本配置	1	软件版本：要求是正式版本、维护版本或者申请的受控版本。在实施前阅读版本相关的预警通告、发布说明以及使用范围。设备上软件版本统一命名rgos.bin		
	2	调试信息：设备正常运行时，关闭所有调试开关		
	3	光纤端口需要手工指定速率和双工模式（如千兆、万兆、全双工）。配置完成后，需要检查设备的网络端口的速率与双工模式		
	4	系统命名：客户有自己的命名规则，按照客户的规则设置主机名。如果没有，则按规范（设备位置_网络位置_设备型号_设备编号命名，如网络中心核心层第一台S8610，WLZX_CORE_S8610_1，第二台 WLZX_CORE_S8610_1）全网统一部署		
	5	系统时间：全网所有设备的系统时间要与当地时间一致（相差不要超过5min）		
	6	建议关闭不必要的服务，如web-server、ssh-server等		
	7	保存配置文件：每次实施完成后，在设备上要保存配置文件		
	8	操作记录与备份：配置操作全过程log记录，配置文件有备份并在客户处有保存		
用户与系统权限	9	用户权限：不同用户划分不同权限，密码使用密文格式保存，telnet/enable密码要求不同		
	10	telnet/ssh：密码要求8位以上，严禁使用通用字符，对访问的用户用ACL进行控制		
	11	SNMP：团体名称严禁使用通用字符，设备上的SNMP版本与PC上SNMP软件配置版本一致，使用ACL限制访问的用户，使用loopback作为TRAP的源地址		
	12	SYSLOG：①建议设置logging buffer到最大，建议设置SYSLOG带有时间戳、带有主机名。②SYSLOG的源地址要设置为loopback地址。③建议配置两台日志服务器进行数据的备份，以防止重要信息丢失		
交换相关	13	接口：互联接口配置成相同介质类型，接口命令安规范配置，所有未使用端口关闭，建议把上联设备的端口尽量从后面的端口号开始，前面的端口号作为下联链路与终端互联		
	14	MAC地址表：对于机箱式交换机，尽量避免跨线卡的Vlan划分		

（续）

分类	序号	检查内容（具体信息查看软件质量规范文档）	检查结果	备注
交换相关	15	端口汇聚：成员端口的所有属性（如速率、接口类型等）必须一致，当AP建立成功后，所有基于AP的操作必须在AP上进行配置，物理接口严禁进行配置操作		
	16	端口镜像：本地镜像的目的端口的带宽大于或等于源端口带宽，以避免目的端口产生拥塞。远程镜像使用的remote vlan不能承载数据流。严禁将镜像的目的口接在交换网络中		
	17	Vlan：Vlan按规范命名，trunk上无数据Vlan裁剪，用户Vlan严禁使用Vlan 1		
	18	ARP-CHECK：启用arp-check时，使用IP+MAC作为端口安全。其他按照质量规范配置		
	19	生成树：按照质量规范进行配置		
	20	防ARP网关欺骗：不能将ARP网关欺骗命令配置在上连口（与上行网关设备相连的接口）		
	21	SP/WRR：当交换机端口拥塞时，SP/WRR才会生效，所以在配置SP/WRR时，一般在出接口的output方向配置端口限速		
	22	RLDP：RLDP环路检测时，惩罚方式必须配置为shutdown-port。RLDP与STP一起启用时，RLDP惩罚方式为shutdown-port，其他按照规范配置		
	23	防IP扫描：按照质量规范进行配置		
	24	安全通道：安全通道配置中的注意事项，具体查看质量规范		
	25	基于端口的流控制：对端口的风暴抑制以及端口安全进行规范配置		
路由相关	26	路由器接口是否配置的描述		
	27	CAR：路由器CAR方面的配置规范，具体查看质量规范		
	28	GTS：路由器GTS方面的配置规范，具体查看质量规范		
	29	CBWFQ/LLQ：路由器队列CBWFQ/LLQ的规范配置		
	30	DLDP：路由器DLDP的配置规范		
	31	接口：路由器接口要配置描述并且不使用的接口都关闭		
	32	广域网协议：广域网协议优先使用ppp		
通用协议配置	33	OSPF：ospf的router-id、网络通告、cost等配置规范		
	34	RIP：RIP路由协议相关的配置规范		
	35	BGP：BGP路由协议相关的配置规范		
	36	静态路由：静态路由功能的配置规范		
	37	组播：组播功能的配置规范		
	38	DHCP：DHCP相关的配置规范		
	39	ACL：ACL功能的命令、排序、操作等方面的规范		
	40	路由图：路由图在PBR或者路由策略的配置规范		
	41	策略路由：策略路由的使用范围以及其他注意事项		
	42	AAA：AAA功能的配置规范操作，死锁时间是否已经调整		
	43	VRRP：VRRP在不同环境和应用下的配置规范		
	44	NAT：现场环境中NAT的配置规范操作		
IPv6相关	45	每台三层设备是否配置loopback接口作为管理口		
	46	OPSFv3的route-id是否配置为loopback接口地址		

表4-21　工程实施软件质量检查表（无线产品）

分类	序号	检查内容（具体信息查看软件质量规范文档）	检查结果	备注
版本与设备基本配置	1	软件版本：要求是正式版本、维护版本或者申请的受控版本，在实施前阅读版本相关的预警通告、发布说明以及使用范围		
	2	调试信息：设备正常运行时，关闭所有debug调试开关		
	3	AC命名：①客户端有自己的命名规则，按照客户的规则设置AC主机名；②如果没有，则按规范（设备位置_网络位置_设备型号_设备编号命名，如网络中心第一台AC，WLZX_AC_WS5708_1，第二台WLZX_AC_WS5708_2）全网统一部署		
	4	AP命名：按照AP与物理位置的对应命名，按照规范（楼_楼层_AP号命名）全网统一命名，便于维护时寻找AP所在位置		
	5	系统时间：全网所有设备的系统时间要与当地时间一致（相差不超过5min）		
	6	保存配置文件：每次实验完成后，在设备上要保存配置文件		
	7	操作记录与备份：配置操作全过程log记录，配置文件有备份并在客户端处有保存		
用户与系统权限	8	用户权限：不同用户划分不用权限，密码使用密文格式保存，telnet/enable密码要求不同		
	9	telnet/ssh：密码要求8位以上，严禁使用通用字符，对访问用户用ACL进行控制		
无线相关	10	AP信道：检查相邻AP间的信道是否按照规范（802.11g:1、6、11，802.11a:149、153、157、161）调整开，无信号重叠		
	11	AP功率：检查AP工作功率是否为最大（如果AP部署密集，则可以选择适当功率工作）		
	12	信号覆盖：信号覆盖范围要满足客户要求，通常要达到90%的信号覆盖率，可以在需要无线覆盖的区域进行通畅的无线网络访问		
	13	信道自动调整功能：AP信道自动调整功能需要关闭，否则会影响AP接入用户的性能，检查该功能是否打开，需要关闭来提高AP使用效果		
	14	干扰避免：AP所用信道要按照与周围其他非法AP或其他设备所用信道不重叠的原则，如果射频环境中有其他的射频干扰，则要使用干净的无干扰的信道		
	15	无线密钥：无线服务中，无线密钥要强壮，应当使用不易破解、不易被人猜出的密钥，如不能使用1234567890等易于猜出的密钥		
	16	接口：互联网接口配置成相同介质类型，接口命令按规范配置，所有未使用端口关闭，建议上联设备的端口尽量从后面的端口号开始，前面的端口号作为下联链路与终端互联		
	17	Vlan：Vlan按规范命名，trunk上无数据Vlan裁剪。用户Vlan严禁使用Vlan 1。		
	18	带宽控制：宿舍网项目必须遵循对用户进行带宽控制的规范。宿舍网用户数密集，下载流量大，使用带宽控制功能对无线用户进行带宽限制来提高网络的可用性		

任务验收

通过完成本任务，明确了软件质量检查的项目和要填写的内容，了解了检查的方法。任务12验收单见表4-22。

表4-22 任务12验收单

评价内容	评价项目	评价结果
软件质量检查	1. 是否能正确对版本与设备基本配置进行检查	是 否
	2. 是否能正确对用户与系统权限进行检查	是 否
	3. 是否能正确对交换、路由、无线相关进行检查	是 否
	4. 是否能正确填写软件质量检查表	是 否
	5. 是否能与相关人员进行良好的沟通	是 否
	6. 是否能恰当处理任务实施中遇到的问题	是 否

任务13 客户培训

任务描述

项目实施完成后，现在需要组织客户进行相应的培训。让客户了解项目涉及的相关技术及产品知识、网络运作情况与日常维护方法等。

任务分析

客户培训由实施经理主导并组织后期负责维护工作的技术支持工程师、客户相关技术工程师、第三方相关技术人员进行技术培训。培训内容包括项目简介、产品简介、基础维护、相关注意事项、服务简介等方面。通过培训，让客户了解涉及项目的相关技术、网络日常维护等相关知识。

任务实施

1. 项目简介

(1) 项目背景

简要描述本项目的背景。

(2) 系统网络拓扑解释

解释此次项目的最终拓扑图，如图4-71所示。

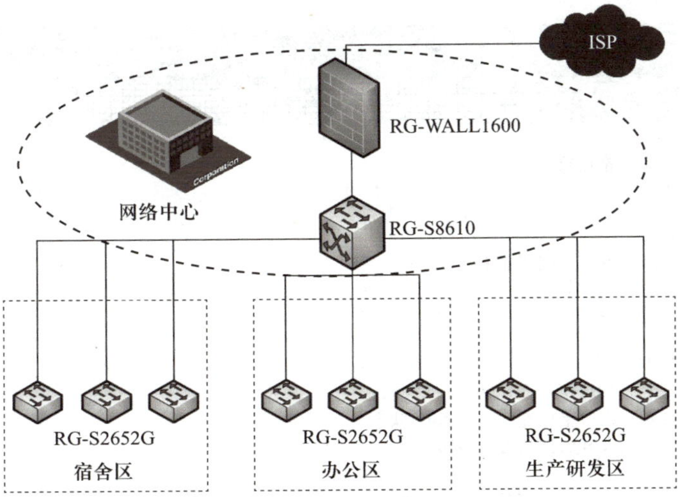

图4-71　网络拓扑图

（3）项目设计方案介绍

列举项目的功能规划，如最终用户要认证上网；所有用户地址自动获取；整网具有很强的冗余能力，并能达到负载均衡；出口路由器应用PBR，访问不同的资源从相应的出口进行转发等。

（4）技术应用介绍

1）接入层：描述接入层应用的技术，如Vlan、STP、ACL、ARP-check等。

2）汇聚层：描述汇聚层应用的技术，如VRRP、静态路由等。

3）核心层：描述核心层应用的技术，如DHCP、RERP、OSPF等。

4）出口：描述出口区设备应用的技术，如NAT、PBR、智能DNS等。

2．产品简介

1）列举项目中的产品，并在介绍产品时配合图片（见图4-72）说明，讲解产品的功能（在项目中应用的），如RG-S8610、RG-S8606、RG-S5750 、S2628G等产品简介。

2）产品功能介绍，如CPP功能介绍。

CPP原理：对送交CPU处理的报文划分优先级，高优先级的报文先处理，低优先级的报文后处理。

项目中的应用：对BPDU报文进行了限制。

- 10个扩展槽
  - >Slot5、6：CM槽
  - >Slot1～4，7～10：线卡槽
- 背板带宽：2.4Tbit/s
- 交换容量：
  - >864C（v2.0）
- 包转发率：
  - >643Mpps（v2.0）
- 电源模块冗余（3+1）

图4-72　交换机示意图

3．基础维护介绍

（1）硬件维护

指示灯异常处理，如Power指示灯绿灯亮，表示设备运行正常，不亮表示未上电。指示灯异常处理示意图如图4-73所示。端口link状态异常处理见表4-23。线卡启动异常处理如图4-74所示。

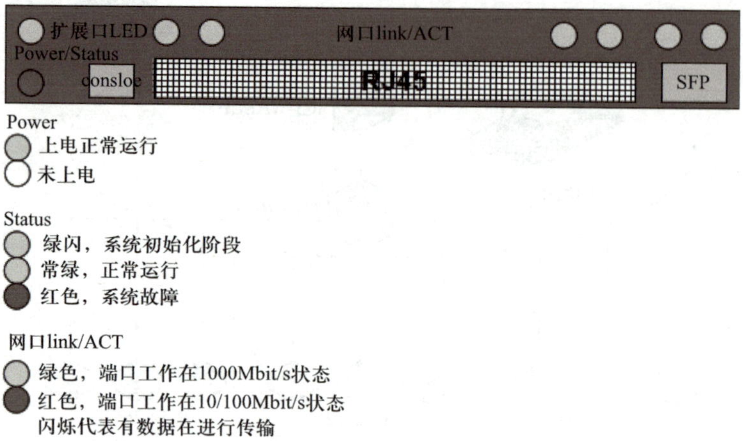

图4-73　指示灯异常处理示意图

表4-23　端口link状态异常处理表

GBIC	波长/nm	铜或光纤类型	核心Size1/μm	模态带宽/（MHz/km）	电缆Distance2
WS-G5483	-	类别5 UTP	-	-	328 ft（100 m）
1000Base - T		类别5e UTP			
（铜）		类别6 UTP			
WS-G5484 1000BASE-SX3	850	MMF	62.5	160	722 ft（220 m）
			62.5	200	902 ft（275 m）
			50	400	1640 ft（500 m）
			50	500	1804 ft（550 m）
WS-G5486 1000BASE-LX/LH	1310	MMF4	62.5	500	1804 ft（550 m）
		SMF	50	400	1804 ft（550 m）
			50	500	1804 ft（550 m）
			8.3/9/10	-	6.2mile（10km）
WS-G5487 1000BASE-ZX5	1550	SMF	8.3/9/10	-	43.5mile（70 km）7
		SMF6	8.3/9/10	-	62.1mile（100km）

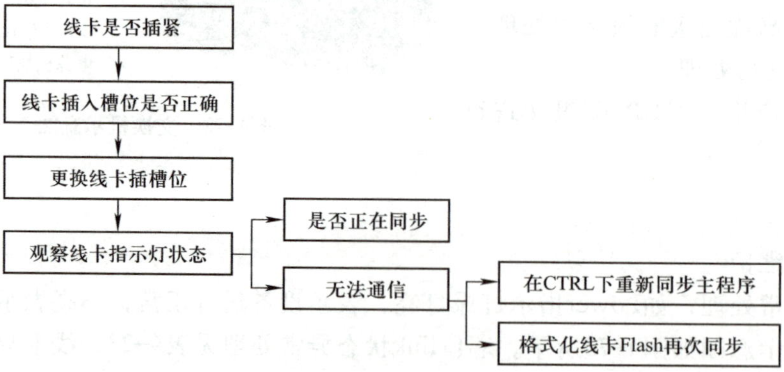

图4-74　异常处理示意图

温馨提示

在介绍系统基础维护时，可以向客户介绍和强调设备日常维护的注意事项，如介绍部分产品以及机房在日常维护中需要注意的地方，S8610设备要接地；接触设备时要带防静电设备；机房定期除尘等。

（2）RGOS维护

1）介绍RGOS的基础维护和配置管理。

设备启动时，从Flash介质中读取config-txt文件，并作为当前设备的配置。常用的配置管理命令如下。

保存配置：Sw1#write

删除配置：Sw1（config）#no command

恢复出厂配置：Sw1#del config.txt

备份配置：Sw1#copy flash：config.txt flash：config.bak

恢复配置：Sw1#copy flash：config.bak flash：config.txt

设备重启：Sw1#reload

2）设备密码遗忘处理——RGOS平台。

处理步骤如下：

1）用配置线连接设备console端口并断电/上电重启设备。

2）设备重启的过程中，根据启动的提示按<Ctrl+C>组合键，进入设备的CTR维护界面；在终端中输入“Ctrl+Q”进入命令行模式。

3）在命令行中使用rename命令将设备的启动配置文件config.txt重命名为config.bsk，并用ls命令确认配置文件已重命名成功。

4）在命令行下执行“load-main”命令，进入设备的正常模式，由于设备中没有config.txt文件，此时设备恢复到出厂配置（没有密码）。

5）进入设备的特权模式，将config.bak文件重命名为config.txt。

6）执行copy start running命令，将启动配置config.txt导入当前运行配置。

7）修改设备的telenet密码、enable密码或全局用户密码。

（3）协议维护

介绍项目中使用的网络协议的维护方法，如VRRP的维护，在设备上通过show vrrp btief命令进行排查。解释显示信息的内容：以太网口名称、VRRP组号、优先级、备份变成主状态的超时时间、是否为接口IP地址相同、抢占方式、主设备的IP地址、VRRP组IP地址。

4．强调系统使用和维护中的注意事项

列举此项目中需要特别注意的事项（根据实际情况自行添加），如自己无法排查出问题时请及时联系锐捷工程师，机房尽快架设UPS等。

5．服务简介

（1）服务级别

目前享有的服务

服务级别：7×24×24。

服务说明：24h受理。

1h内批复。

更高级别的服务：

服务级别：7×24×24。

服务说明：24h受理。

30min内批复。

（2）服务咨询

自助服务：24h自助服务热线：4008-×××-×××

技术服务论坛：http://×××

其他服务咨询：http://×××

现场支持：工程师：××× 联系电话：××× 联系地址：×××

任务验收

通过完成本任务，学习了如何为客户进行培训。培训内容包括项目简介、产品简介、基础维护、注意事项、服务简介等方面。通过培训，让客户了解项目所涉及的相关技术及产品知识，掌握网络运作情况与日常维护方法等。任务13验收单见表4-24。

表4-24 任务13验收单

评价内容	评价项目	评价结果
客户培训	1．是否能正确组织客户进行培训	是 否
	2．是否能正确把项目的项目简介、产品简介、基础维护、注意事项、服务简介等介绍给客户，让客户接受	是 否
	3．是否能顺利完成客户培训	是 否
	4．是否能与相关人员进行良好的沟通	是 否
	5．是否能恰当处理培训中遇到的问题	是 否

任务14 项目验收

任务描述

项目验收是项目实施完成后的最后一步，一般分项目施工方初验、施工方与监理方一同终验，验收合格后还要书写验收报告。

任务分析

项目验收是和项目相关人（客户、集成商等）进行设备初验和终验。如果项目实施的主体是集成商或其他原因导致的不需要进行项目初验与终验工作，由项目实施经理负责要求客户或集成商签字确认“项目实施调试完成确认单”。图4-75所示为项目验收流程。

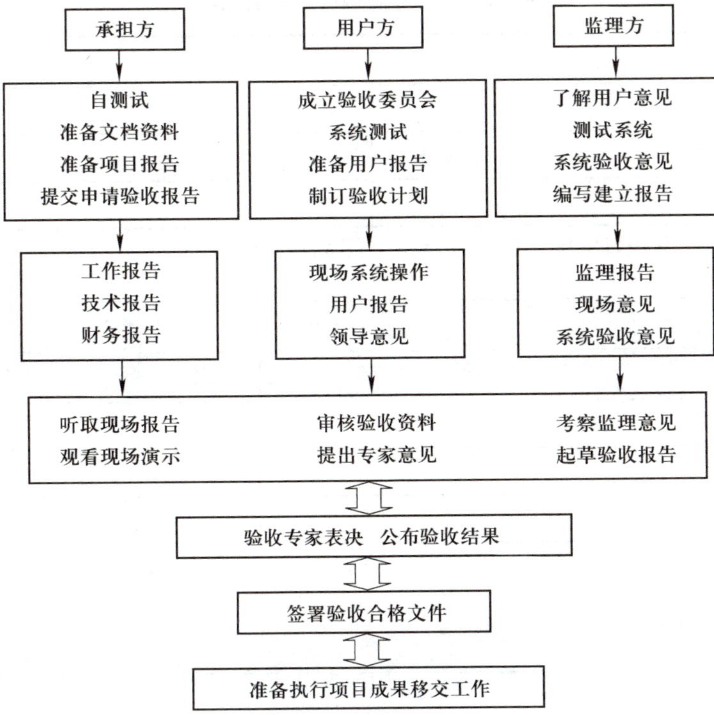

图4-75 项目验收流程

任务实施

1. 验收准备

知识链接

项目验收是指项目成果正式交付给用户之前，用户方同承担方对项目成果进行审查，核查双方约定的项目计划中所规定范围内的各项工作或活动是否均已完成，应当交付的项目成果是否满足范围、功能和性能要求。

项目无论是否按计划正常结束，验收都是非常必要的。对于非正常结束的项目，通过验收可以查明项目的哪些工作已经完成，完成到什么程度，分析不能正常结束的原因。

在项目验收前需要做好验收前的相关准备工作，如成立相应的验收小组，确定验收的策略、验收的内容和标准，并提交领导审批，确定的验收阶段和验收内容以及标准等是否合理。验收前需要完成相应的工作内容和相关的文档，如完成到货验收工作，形成设备到货验收单清单；完成所有节点的实施和集成工作，形成相应的工作报告以及网络拓扑图等相关图纸、设备配置参数等；完成系统的测试工作，形成相应的测试报告等。

在具备相应的验收条件后，准备好全部的有关验收文档和技术资料，提出验收申请。验收申请批准后，将组织开展验收工作。

2. 不需要进行初验和终验，客户或集成商签字确认项目实施调试完成确认单项目实施调试完成确认单见表4-12。

表4-25　项目实施调试完成确认单

项目名称					
客户名称					
客户联系人		职务		电话	
实施工程师		电话			

网络项目类型：□ 新项目实施　□ 现网调整　□ 软件升级

设备开箱确认			
设备型号	设备数量	上电测试正常	客户确认

备注：

网络需求确认		
客户网络需求	实现情况	客户确认

备注：

客户代表意见：

我已检查过所有项目，证实本工程中网络设备已全部通过项目测试，设备运转情况良好，已经移交项目相关实施文档，并符合网络调试的要求

客户代表（签字）：　　　　　　　　实施工程师（签字）：

时间：_____年____月___日

知识链接

1）项目验收标志着项目的结束或阶段性结束，是项目成果交付给用户并开始正式使用的标志。

2）项目顺利通过验收标志着项目的用户方与承担方之间的义务和责任基本结束（除项目运行阶段的维护问题之外）。

3）项目按计划验收是保证按合同完成软件成果研制、保证项目成果质量的关键步骤。

4）项目验收结束并不等于双方签订的协议的终止，这是因为项目往往还存在后续的维护等问题。

5）一般来讲，软件验收有以下两种方法：

① 大型、复杂，各子系统之间的关联性又不是很强的软件验收，可将系统划分为不同的子系统，根据“总体规划、分步实施”的策略，划分阶段、逐步完成各个子系统的开发工作。可在某个子系统完成后，分阶段完成软件系统的验收工作，并通过对项目各个阶段验收结果的汇总、统计，得出系统最终的、整体性的质量验收结果。

② 系统规模较小、较简单，或者系统各个功能之间关联性很强时，应在全部系统开发完成后，统一组织系统验收。

3. 初步验收

验收小组将根据之前确定的验收内容和标准进行验收，判断是否验收合格，对于不合格的部分提出整改意见。检验初步验收是否通过。如果初步验收通过，那么将进入正式运行阶段。

进行整改：如果本次验收没有通过，则需要根据验收小组的要求进行相关整改。

复验：当完成整改后，验收小组将组织复验。

中期款：如果初步验收合格，则支付中期款。

上线试运行：通过初步验收后，将投入生产环境进行试运行。项目通过初步验收后，将投入生产试运行，由于有些问题可能需要在生产环境运行一段时间后才能暴露，最终验收就是需要解决这些问题。表4-26所示为项目试运行报告，表4-27所示为项目初步验收报告，表4-28所示为项目验收表格。

表4-26　项目试运行报告

项目名称		客户名称	
试运行开始时间		试运行结束时间	
一、试运行范围 试运行范围涉及项目全部系统及设备			
二、试运行说明 ×××系统截止到××××年××月××日已全部建设调试完毕，自××月××日起由×××开始试运行，至××××年××月××日止已运行一个月，试运行期间系统功能完全符合合同下列要求： 1. 网络联通性正常 2. 出口流程控制正常 系统实施工艺符合规范和设计要求 甲方验收小组负责人签名：　　　甲方验收小组成员签名：			
三、试运行期间故障及其他问题 试运行期间系统无故障及其他问题。若有问题，请列出问题并说明解决情况			
四、试运行结论 本项目施工和安装工艺符合规范要求，试运行×月来，系统运行正常，符合“设计任务书”和“设计方案”的要求，项目达到了竣工验收条件，申请进行验收			
甲方验收部门负责人签字： 甲方部门公章： 年　月　日		乙方经办人签名： 乙方盖章： 年　月　日	

表4-27　项目初步验收报告

合同名称：		合同编号：	
甲方验收部门：		验收地址：	
甲方验收小组负责人：		联系电话：	
乙方项目验收负责人：		联系电话：	

（续）

<table>
<tr><td rowspan="5">主要产品信息</td><td>序号</td><td>产品型号</td><td>产品编号或描述</td><td>数量</td></tr>
<tr><td>1</td><td></td><td></td><td></td></tr>
<tr><td>2</td><td></td><td></td><td></td></tr>
<tr><td>3</td><td></td><td></td><td></td></tr>
<tr><td>……</td><td></td><td></td><td></td></tr>
<tr><td colspan="5">初步验收内容：</td></tr>
<tr><td colspan="5">初步验收结论：

甲方验收小组负责人签名：　　　　　　甲方验收小组成员签名：</td></tr>
<tr><td colspan="3">甲方验收部门负责人签字：

甲方部门公章：

年　月　日</td><td colspan="2">乙方经办人签名：

乙方盖章：

年　月　日</td></tr>
</table>

表4-28　项目初验表格

<table>
<tr><td colspan="4">里程碑责任人：实施经理</td><td colspan="2">完成日期：</td></tr>
<tr><td>必须/可选</td><td>检　查　项</td><td>质　量　要　求</td><td>责　任　人</td><td>状　　态</td><td>备　　注</td></tr>
<tr><td>必须</td><td>项目试运行报告</td><td>具备、客户认可</td><td>实施经理</td><td></td><td></td></tr>
<tr><td>必须</td><td>初验验收文档</td><td>具备、客户认可</td><td>实施经理</td><td></td><td></td></tr>
<tr><td>必须</td><td>初验会议纪要</td><td>具备、客户认可</td><td>实施经理</td><td></td><td></td></tr>
<tr><td>必须</td><td>初验遗留问题清单</td><td>具备、客户认可</td><td>实施经理</td><td></td><td></td></tr>
<tr><td>必须</td><td>项目初步验收报告</td><td>具备</td><td>实施经理</td><td></td><td></td></tr>
</table>

4．最终验收

最终验收是对整个项目的执行情况，如资金使用状况、进度控制情况、任务完成情况以及与项目相关的各种因素控制的得当与否等总体内容的验收和评价。

项目通过初步验收后，将投入生产运行，由于有些问题可能需要在生产运行一段时间后才能暴露，最终验收需要解决初验遗留的问题。当系统运行一段时间（一般在合同中明确）后，验收小组将汇总各使用部门的验证情况或验收小组组织全面的验收。检验最终验收是否合格。验收小组将根据验收情况出具验收结论。

进行整改：如果验收不合格，则需要据验收小组的整改意见进行整改。

复验：完成整改后，验收小组将根据项目的实际情况进行复验。

尾款：通过最终验收后，支付项目尾款。

交付源代码及文件。在收到项目尾款后，将项目源代码及相关文件交付客户项目负责人。

项目文件全部验收合格时，项目开发方与接收方对项目文件验收报告进行确认和签字，形成项目文件验收结果。项目文件验收结果一般包括项目文件档案和项目文件验收报告。表4-29为项目最终验收报告，表4-30为项目终验表格。

表4-29　项目最终验收报告

<table>
<tr><td colspan="2">合同名称：</td><td></td><td>合同编号：</td><td></td></tr>
<tr><td colspan="2">甲方验收部门：</td><td></td><td>验收地址：</td><td></td></tr>
<tr><td colspan="2">甲方验收小组负责人：</td><td></td><td>联系电话：</td><td></td></tr>
<tr><td colspan="2">乙方项目验收负责人：</td><td></td><td>联系电话：</td><td></td></tr>
<tr><td rowspan="6">主要产品信息</td><td>序号</td><td>产品型号</td><td>产品编号或描述</td><td>数量</td></tr>
<tr><td>1</td><td></td><td></td><td></td></tr>
<tr><td>2</td><td></td><td></td><td></td></tr>
<tr><td>3</td><td></td><td></td><td></td></tr>
<tr><td>4</td><td></td><td></td><td></td></tr>
<tr><td>……</td><td></td><td></td><td></td></tr>
<tr><td colspan="5">最终验收内容：</td></tr>
<tr><td colspan="5">最终验收结论：

甲方验收小组负责人签名：　　甲方验收小组成员签名：</td></tr>
<tr><td colspan="3">甲方验收部门负责人签字：

甲方部门公章：
年　月　日</td><td colspan="2">乙方经办人签名：

乙方盖章：
年　月　日</td></tr>
</table>

注：1）“最终验收结论”由甲方验收小组负责人填写并签字。

2）甲方验收部门指甲方使用部门或使用主管部门。

3）该表格一式三联，第一联：甲方验收部门交采购部门；第二联：甲方验收部门留存；第三联：乙方作为向甲方提示付款的依据。此表不足记录结果时，可增加附页。

表4-30 项目终验表格

里程碑责任人：实施经理			完成日期：		
必须/可选	检查项	质量要求	责任人	状态	备注
必须	终验文档	具备、客户认可	实施经理		
必须	终验会议纪要	具备、客户认可	实施经理		
必须	终验遗留问题解决	客户认可	实施经理		
必须	项目最终验收报告	具备	实施经理		

5. 报告总结

项目通过最终验收后，验收小组将总结验收工作的得与失，以便未来更好地运作其他项目，并进行相应的归档。

任务验收

通过完成本任务，学习了如何对项目进行验收。项目验收一般分为项目的初验与终验，验收完成后需要总结验收工作的相关经验。任务14验收单见表4-31。

表4-31 任务14验收单

评价内容	评价项目	评价结果
项目验收	1．是否能清楚项目验收的一般流程	是 否
	2．是否能准备验收相关事项及文档	是 否
	3．是否能正确进行项目的初验及终验	是 否
	4．是否能对项目经验进行总结，撰写相应的报告	是 否
	5．是否能与相关人员进行良好的沟通	是 否
	6．是否能恰当处理任务实施中遇到的问题	是 否

单元总结

1. 单元学习重点

通过本单元的学习，能对多栋楼宇环境网络设备进行进场报验、安装、连线、调试、测试验证和验收，重点学习和巩固接入层和汇聚层交换设备的功能配置和优化，以及核心交换设备的稳定可靠性配置与检验、网络地址转换、扩展访问控制功能配置、网络安全和优化配置等内容，能根据拓扑图制订多栋楼宇环境网络设备工程方案，制订网络协议及安全与优化规划，具备对多栋楼宇环境进行网络设备安装与调试的能力。

2. 单元内容梳理

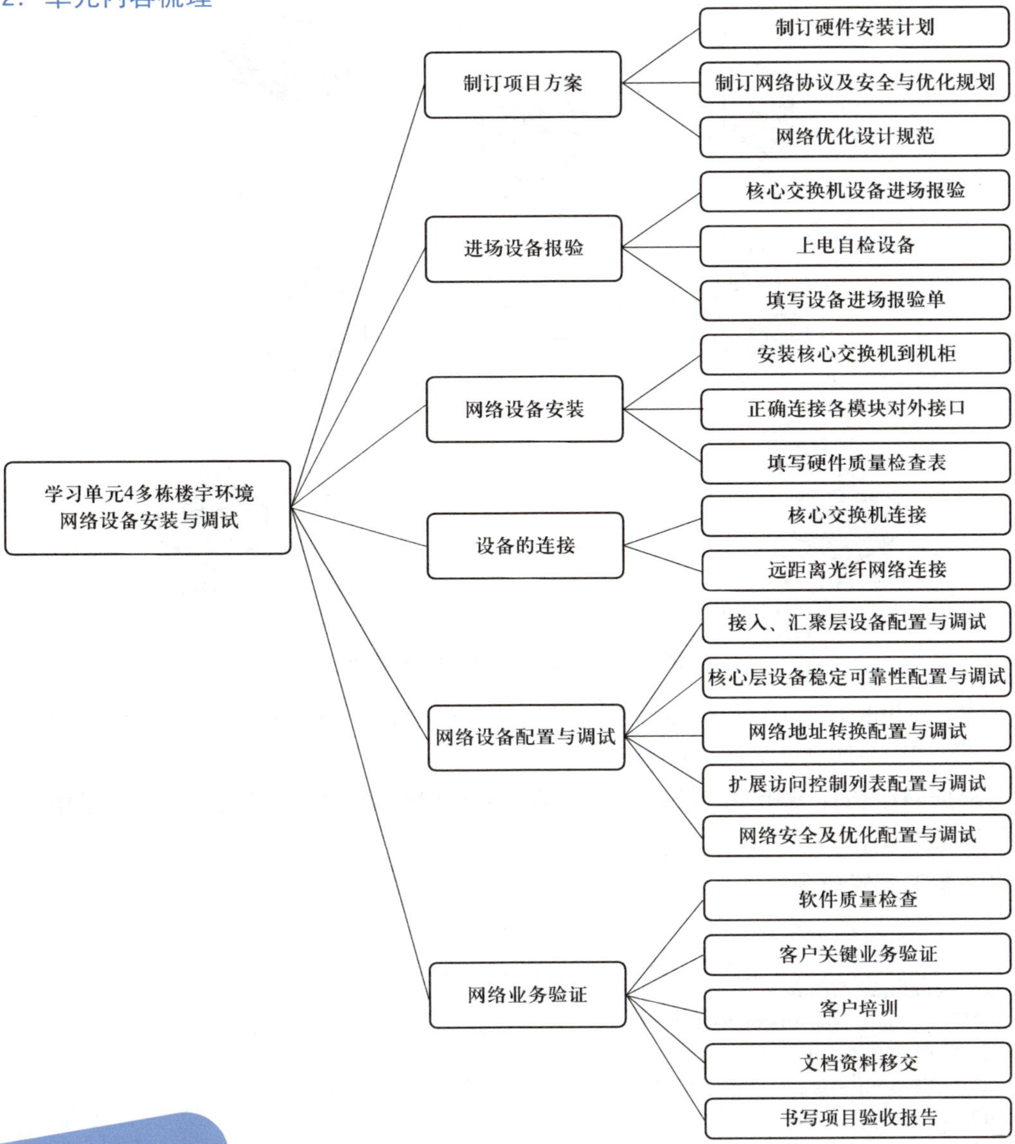

单元训练

图4-76所示是某企业园区网络拓扑图，其中R-inter是出口路由器，与外网相连；S-core-1与S-core-2是核心交换机，保障网络稳定高速运行；S-link-1与S-link-2是接入交换机，所有终端用户连接在接入交换机之下，Vlan 10是销售部门Vlan，Vlan 20是市场部门Vlan，Vlan 30是技术部门Vlan，Vlan 40是行政部门Vlan。为了网络稳定运行，在网络中采用VRRP+MSTP，实现网络冗余备份、双链路双核心，并在两台核心设备上采用端口汇聚功能提高带宽。企业从ISP申请到129.1.1.1～129.1.1.3这段公网地址，用来让内网中的主机访问互联网，但公司规定内网主机下班后不允许访问互联网。内网中有一台Web服务器用来发布公司主页，该服务器的内网地址为192.168.100.2，使用129.1.1.3来发布服务器。

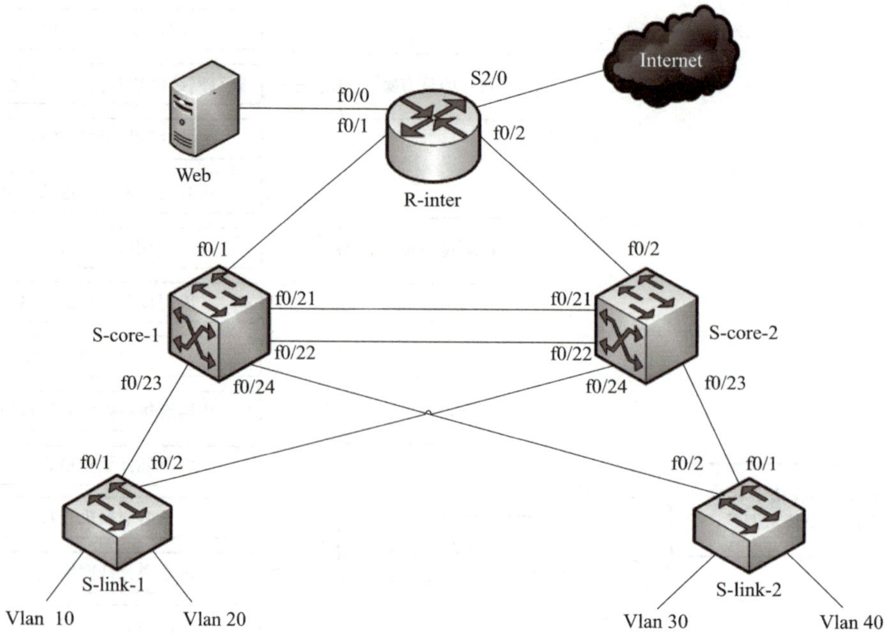

图4-76　某企业园区网络拓扑图

其中，S-link-1端口f0/5-15 属于Vlan 10，f0/16-20属于Vlan 20，S-link-2端口f0/5-15属于Vlan 30，f0/16-20属于Vlan 40。

请根据网络拓扑图和系统设计完成该项目网络IP地址与Vlan规划，完成网络中设备的配置与调试工作。

设备参考配置命令

1. 出口路由器参考配置

```
Ruijie#configure terminal
R-INTER(config)#hostname R-INTER
R-INTER(config)#int f0/0
R-INTER(config-if)#ip address 192.168.100.1  255.255.255.0
R-INTER(config-if)#no shut
R-INTER(config-if)#exit

R-INTER(config)#int  f0/1
R-INTER(config-if)#ip address 192.168.101.1  255.255.255.0
R-INTER(config-if)#ip nat inside
R-INTER(config-if)#no shut
R-INTER(config-if)#exit
R-INTER(config)#int  f0/2
R-INTER(config-if)#ip address 192.168.102.1  255.255.255.0
R-INTER(config-if)#ip nat inside
R-INTER(config-if)#no shut
R-INTER(config-if)#exit
R-INTER(config)#int  s2/0
R-INTER(config-if)#ip address 129.1.1.1  255.255.255.0
R-INTER(config-if)#ip nat outside
R-INTER(config-if)#no shut
```

```
R-INTER(config-if)#exit

R-INTER(config)#router ospf 1
R-INTER(config-router)#network  192.168.100.0   0.0.0.255  area 0
R-INTER(config-router)#network  192.168.101.0   0.0.0.255  area 0
R-INTER(config-router)#network  192.168.102.0   0.0.0.255  area 0
R-INTER(config-router)#exit
R-INTER (config)#ip route 0.0.0.0 0.0.0.0 serial 2/0

R-INTER(config)#time-range test
R-INTER(config-time-range)#periodic weekdays 0:00 to 9:00
R-INTER(config-time-range)#periodic weekdays 17:00 to 23:59
R-INTER(config-time-range)#periodic weekend 00:00 to 23:59
R-INTER(config-time-range)#exit

R-INTER(config)#access-list 10 deny 192.168.0.0  0.0.255.255 time-range test
R-INTER(config)#access-list 10 permit any
R-INTER(config)#interfac serial 2/0
R-INTER (config-if)#ip access-group 10 out

R-INTER(config)#access-list 11 permint 192.168.0.0  0.0.255.255
R-INTER(config)#ip nat pool internet 129.1.1.1  129.1.1.2 netmask 255.255.255.0
R-INTER(config)#ip nat inside source list 11 pool internet overload
R-INTER (config)#ip nat inside source static tcp 192.168.100.2   80  129.1.1.3 80
```

2. 核心交换机S-CORE-1参考配置

```
Ruijie#configure terminal
R-INTER(config)#hostname S-CORE-1
S-CORE-1(config)#vlan 10
S-CORE-1(config-vlan)#vlan 20
S-CORE-1(config-vlan)#vlan 30
S-CORE-1(config-vlan)#vlan 40
S-CORE-1(config-vlan)#exit
S-CORE-1(config)#int vlan 10
S-CORE-1(config-if)#ip add 192.168.10.251  255.255.255.0
S-CORE-1(config-if)#no shutdown
S-CORE-1(config-if)#exit
S-CORE-1(config)#int vlan 20
S-CORE-1(config-if)#ip add 192.168.20.251  255.255.255.0
S-CORE-1(config-if)#no shut
S-CORE-1(config-if)#exit
S-CORE-1(config)#int vlan 30
S-CORE-1(config-if)#ip add 192.168.30.251  255.255.255.0
S-CORE-1(config-if)#no shut
S-CORE-1(config-if)#exit
S-CORE-1(config)#int vlan 40
S-CORE-1(config-if)#ip add 192.168.40.251  255.255.255.0
S-CORE-1(config-if)#no shutdown
S-CORE-1(config-if)#exit

S-CORE-1(config)#int f0/1
```

```
S-CORE-1(config-if)#no switchport
S-CORE-1(config-if)#ip add 192.168.101.2  255.255.255.0
S-CORE-1(config-if)no shutdown
S-CORE-1(config-if)exit

S-CORE-1(config)#spanning-tree
S-CORE-1(config)#spanning-tree mst configuration
S-CORE-1(config-mst)#revision 1
S-CORE-1(config-mst)#name ruijie
S-CORE-1(config-mst)#instance 1 vlan 10,20
S-CORE-1(config-mst)#instance 2 vlan 30,40
S-CORE-1(config-mst)#exit
S-CORE-1(config)#spanning-tree mst 1 priority 0
S-CORE-1(config)#spanning-tree mst 2 priority 4096

S-CORE-1(config)#interface vlan 10
S-CORE-1(config-if)#vrrp 10 ip 192.168.10.254
S-CORE-1(config-if)#vrrp 10 priority 254
S-CORE-1(config-if)#exit
S-CORE-1(config)#interface vlan 20
S-CORE-1(config-if)#vrrp 20 ip 192.168.20.254
S-CORE-1(config-if)#vrrp 20 priority 254
S-CORE-1(config-if)#exit
S-CORE-1(config)#interface vlan 30
S-CORE-1(config-if)#vrrp 30 ip 192.168.30.254
S-CORE-1(config-if)#exit
S-CORE-1(config)#interface vlan 40
S-CORE-1(config-if)#vrrp 40 ip 192.168.40.254
S-CORE-1(config-if)#exit

S-CORE-1(config)#router ospf 1
S-CORE-1(config-router)#network  192.168.10.0   0.0.0.255  area 0
S-CORE-1(config-router)#network  192.168.20.0   0.0.0.255  area 0
S-CORE-1(config-router)#network  192.168.30.0   0.0.0.255  area 0
S-CORE-1(config-router)#network  192.168.40.0   0.0.0.255  area 0
S-CORE-1(config-router)#network  192.168.101.0   0.0.0.255  area 0

S-CORE-1(config)#interface range fastEthernet 0/21-22
S-CORE-1(config-if-range)#port-group 1
S-CORE-1(config-if-range)#exit
S-CORE-1(config)#int aggregateport 1
S-CORE-1(config-if)#switchport mode trunk
S-CORE-1(config)#interface range fastEthernet 0/23-24
S-CORE-1(config-if-range)#switchport mode trunk
S-CORE-1(config-if)#exit
```

3. 核心交换机S-CORE-2参考配置

```
Ruijie#configure terminal
R-INTER(config)#hostname S-CORE-2
S-CORE-2(config)#vlan 10
```

```
S-CORE-2(config-vlan)#vlan 20
S-CORE-2(config-vlan)#vlan 30
S-CORE-2(config-vlan)#vlan 40
S-CORE-2(config-vlan)#exit
S-CORE-2(config)#interface vlan 10
S-CORE-2(config-if)#ip add 192.168.10.252  255.255.255.0
S-CORE-2(config-if)#no shutdown
S-CORE-2(config-if)#exit
S-CORE-2(config)#interface vlan 20
S-CORE-2(config-if)#ip add 192.168.20.252  255.255.255.0
S-CORE-2(config-if)#no shutdown
S-CORE-2(config-if)#exit
S-CORE-2(config)#interface vlan 30
S-CORE-2(config-if)#ip add 192.168.30.252  255.255.255.0
S-CORE-2(config-if)#no shutdown
S-CORE-2(config-if)#exit
S-CORE-2(config)#interface vlan 40
S-CORE-2(config-if)#ip add 192.168.40.252  255.255.255.0
S-CORE-2(config-if)#no shutdown
S-CORE-2(config-if)#exit

S-CORE-2(config)#int f0/2
S-CORE-2(config-if)#no switchport
S-CORE-2(config-if)#ip add 192.168.102.2  255.255.255.0
S-CORE-2(config-if)no shutdown
S-CORE-2(config-if)exit

S-CORE-2(config)#spanning-tree
S-CORE-2(config)#spanning-tree mst configuration
S-CORE-2(config-mst)#revision 1
S-CORE-2(config-mst)#name ruijie
S-CORE-2(config-mst)#instance 1 vlan 10,20
S-CORE-2(config-mst)#instance 2 vlan 30,40
S-CORE-2(config-mst)#exit

S-CORE-2(config)#spanning-tree mst 1 priority 4096
S-CORE-2(config)#spanning-tree mst 2 priority 0

S-CORE-2(config)#interface vlan 10
S-CORE-2(config-if)#vrrp 10 ip 192.168.10.254
S-CORE-2(config-if)#exit
S-CORE-2(config)#interface vlan 20
S-CORE-2(config-if)#vrrp 20 ip 192.168.20.254
S-CORE-2(config-if)#exit
S-CORE-2(config)#interface vlan 30
S-CORE-2(config-if)#vrrp 30 ip 192.168.30.254
S-CORE-2(config-if)#vrrp 30 priority 254
S-CORE-2(config-if)#exit
S-CORE-2(config)#interface vlan 40
S-CORE-2(config-if)#vrrp 40 ip 192.168.40.254
```

```
S-CORE-2(config-if)#vrrp 40 priority 254
S-CORE-2(config-if)#exit

S-CORE-2(config)#router ospf 1
S-CORE-2(config-router)#network  192.168.10.0   0.0.0.255  area 0
S-CORE-2(config-router)#network  192.168.20.0   0.0.0.255  area 0
S-CORE-2(config-router)#network  192.168.30.0   0.0.0.255  area 0
S-CORE-2(config-router)#network  192.168.40.0   0.0.0.255  area 0
S-CORE-2(config-router)#network  192.168.102.0   0.0.0.255  area 0

S-CORE-2(config)#interface range fastEthernet 0/21-22
S-CORE-2(config-if-range)#port-group 1
S-CORE-2(config-if-range)#exit
S-CORE-2(config)#int aggregateport 1
S-CORE-2(config-if)#switchport mode trunk
S-CORE-2(config)#interface range fastEthernet 0/23-24
S-CORE-2(config-if-range)#switchport mode trunk
S-CORE-2(config-if)#exit
```

4. 接入交换机S-LINK-1参考配置

```
Ruijie#configure terminal
R-INTER(config)#hostname S-LINK-1
S-LINK-1(config)#vlan 10
S-LINK-1(config-vlan)#vlan 20
S-LINK-1(config-vlan)#exit
S-LINK-1 (config)#interface range fastEthernet 0/5-15
S-LINK-1 (config-if-range)#switchpor access vlan 10
S-LINK-1 (config-if-range)#exit
S-LINK-1 (config)#interface range fastEthernet 0/16-20
S-LINK-1 (config-if-range)#switchpor access vlan 20
S-LINK-1 (config-if-range)#exit
S-LINK-1 (config)#interface range fastEthernet 0/1-2
S-LINK-1 (config-if-range)#switchport mode trunk
S-LINK-1 (config-if)#exit
```

5. 接入交换机S-LINK-2参考配置

```
Ruijie#configure terminal
R-INTER(config)#hostname S-LINK-2
S-LINK-2(config)#vlan 30
S-LINK-2(config-vlan)#vlan 40
S-LINK-2 (config)#interface range fastEthernet 0/5-15
S-LINK-2 (config-if-range)#switchpor access vlan 30
S-LINK-2 (config-if-range)#exit
S-LINK-2 (config)#interface range fastEthernet 0/16-20
S-LINK-2 (config-if-range)#switchpor access vlan 40
S-LINK-2 (config-if-range)#exit
S-LINK-2 (config)#interface range fastEthernet 0/1-2
S-LINK-2 (config-if-range)#switchport mode trunk
S-LINK-2 (config-if)#exit
```

单元检测

一、选择题

1．园区网设计一般常采用三层结构，它们是（　　）。

A．核心层、汇聚层、分布层　　B．核心层、汇聚层、接入层

C．核心层、分布层、接入层　　D．核心层、控制层、分布层

2．（　　）属于有类路由选择协议。

A．RIPV1　　B．RIPV2　　C．OSPF　　D．静态路由

3．关于OSPF区域说法错误的是（　　）。

A．OSPF采用分区域计算，可以降低OSPF计算的复杂程度，减轻缓存计算的压力

B．OSPF区域的命名可以采用整数数字形式，也可以采用IP地址的形式

C．OSPF区域必须有一个核心区域，也称骨干区域

D．网络中常规区域可以和常规区域直接相连

4．网络中配置STP的目的是（　　）。

A．增加网络带宽　　B．防止网络中产生“广播风暴”

C．防止网络中出现环路造成网络瘫痪　　D．防止网络中地址冲突造成信息丢失

5．关于VRRP说法错误的是（　　）。

A．VRRP 组不能支持认证

B．VRRP 是一种虚拟冗余网关协议

C．VRRP 组的虚拟IP 地址可以作为PC的网关

D．如果VRRP 备份组内的Master 路由器坏掉时，备份组内的其他Backup 路由器将会通过选举策略选出一个新的Master 路由器接替成为新的Master

6．在配置NAT（网络地址转换）时，通常将连接内网的接口称为（　　）。

A．inport　　B．inside　　C．outside　　D．outport

7．下列可以把创建的访问控制列表应用到接口上的命令是（　　）。

A．access-list 101 in　　B．ip access-group 101 in

C．deny access-list 101 in　　D．pemit access-list 101 in

8．下列用于进行动态NAT地址转换的命令是（　　）。

A．ip nat inside　　B．ip nat outside

C．ip nat inside source list　　D．ip nat inside source static

9．要禁止网络中172.16.8.0网段的主机访问服务器（58.116.88.9）的FTP服务，配置的访问控制列表应是（　　）。

A．access-list 100 deny 172.16.8.0 0.0.255.255 58.116.88.9 0.0.0.0 eq ftp

B．access-list 100 deny 172.16.8.0 0.0.255.255 58.116.88.9 0.0.0.0 eq 21

C．access-list 100 deny tcp 172.16.8.0 0.0.255.255 58.116.88.9 0.0.0.0 eq ftp

D．access-list 100 deny tcp 172.16.8.0 0.0.255.255 58.116.88.9 0.0.0.0 eq 21

10．使用下列命令配置出口路由器后，将有（　　）个地址可以用动态NAT转换。

Router(config)#ip nat pool aaa 201.59.62.13 201.59.62.16 network 255.255.255.0

Router(config)#ip nat inside source list 1 pool aaa overload

A．1　　B．2　　C．3　　D．4

二、简答题

1．园区网设计一般常采用三层结构，请谈一谈这样设计的好处。

2．简述在进行访问控制列表配置时应注意哪些问题。

3．网络地址转换实现方式有三种，即静态转换、动态转换和端口多路复用转换，请简述它们的区别。

附录　常用符号及名称

名　称	表示符号	名　称	表示符号	名　称	表示符号
PC		二层交换机		Internet	
终端		具有路由功能的交换机（三层或核心交换机）		建筑物	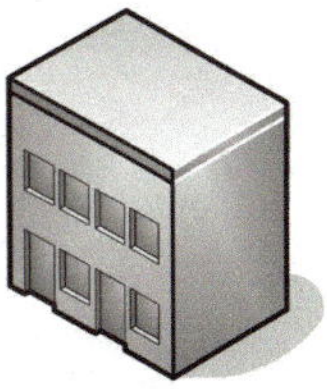
便携式计算机		路由器	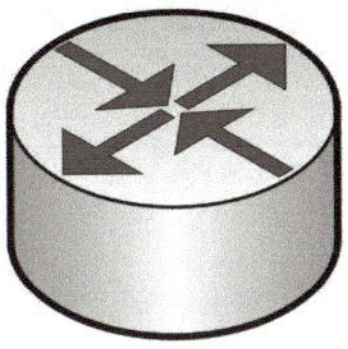	通信线路	
服务器		集线器		防火墙